좋은 물은 눈으로 알 수 있다

Understanding Water

Understanding Water
by Andreas Wilkens, Michael Jacobi, Wolfram Schwenk.

좋은 물은 눈으로 알 수 있다

안드레아스 윌크스*미카엘 야코비*볼프람 슈벤크*저
김영태*역

사진에 나타난 물의 놀라운 능력

Understanding Water

Andreas Wilkens, Michael Jacobi,
Wolfram Schwenk

이치 ichi SCIENCE

옮긴이의 글

우리나라에서는 석유가 한 방울도 나오지 않는 대신 어디서나 맑은 물이 솟아난다. 석유는 드물다는 이유로 귀한 대접을 받지만 물은 주위에 흔하기 때문에 물의 고마움을 쉽게 잊어버리기도 한다. 그러나 최근 '20세기가 석유의 시대라면 21세기는 물의 시대' 라는 말이 언론에 자주 등장하고 있다. 물의 중요성이 부각되고 있는 것이다. 또 우리나라가 조만간 물 부족 국가가 된다는 보도도 나왔다. 즉, 우리나라 경제가 발전하면서 자연이 많이 파괴되어 머지않아 몸에 유익한 마실 물을 구하기가 쉽지 않을 것이라는 이야기이다. 금수강산, 물 맑고 공기 좋은 우리나라라는 말이 무색해질 때가 머지않았다는 불안감이 든다.

물은 공기와 함께 환경, 에너지, 건강, 생명에 관련된 소중한 지구 자원이다. 우리가 건강하게 오래 살기 위해서는 맑은 공기와 좋은 물을 지속적으로 공급받아야 한다. 현재 천연적인 양질의 공기와 물을 구하기 힘들다 보니 공기 정화기나 정수기를 통해 이를 공급받고 있다. 그러나 '인공적인 처리를 거친 공기나 물이 천연의 그것과 같이 우리 몸에 유익할까?' 라는 의문이 든다. 단순히 인체에 유해한 성분을 제거했다고 하여 몸에 좋다고 할 수 있을까? 이런 중요한 문제에 대해 과학자들이 연구한 적이 있을까?

이 책은 특히 물에 관한 이런 궁금증을 풀어준다. 저자들이 근무하는 독일의 연구소에서 개발한 물방울 사진법은 물의 수질을 우리 눈으로 확인할 수 있게 해 준다. 낙하한 물방울이 물 시료와 충돌하면서 만들어지는 패턴을 통해 물의 특성을 파악할 수 있다는 것이 이 방법의 원리이다. 물속에 감춰진 패턴들은 전문 화가가 그린 작품이라고 해도 좋을 만큼 다양하고 흥미롭다. 좋은 물일수록 사진 속 패턴이 조화롭고 복잡하며 물방울마다 독특한 패턴을 보여, 한눈에 좋은 물인 것을 알 수 있다. 좋은 물이란 유동성, 또는 활력이 커서 다양한 변화 능력을 가지고 있어야 하고, 이 때문에 패턴이 조화롭고 아름답다는 것이 저자들의 주장이다. 또한 단순한 화학 성분 분석만으로는 좋은 물과 나쁜 물을 구분할 수 없고, 물방울 사진법과 같이 물이 가진 능력을 종합적으로 알려주는 방법을 사용해야 좋은 물인지 알 수 있다는 주장을 하고 있다. 과학자가 아니더라도 이 책에 실린 물방울 사진을 보면 물이 가진 놀랍고도 무한한 능력에 경탄하게 된다.

인체의 70%가 물로 구성되어 있고, 물은 우리 몸 안에서 소화, 성장, 치유 등 여러 기능을 종합적으로 원활하게 해준다. 따라서 좋은 물을 마시는 것은 건강에 필수적인 요건이다. 이 책을 통해 지금까지 현대 과학이 무엇이 좋은 물인지를 판별하는 데 무관심했다는 것을 알고 충격을 받았고, 독일의 한 작은 연구소에서 처음으로 이 연구를 시작해 성과를 얻었다는 것도 놀라웠다. 이제 우리나라에서도 물에 대한 종합적인 연구를 통해 물에 대한 이해를 높여야겠다고 생각한다. 이 책의 출간을 계기로 물의 소중함과 중요함을 다시 깨닫게 되기를 바란다.

마지막으로 이 책을 추천해 주시고 번역을 허락해 주신 도서출판 이치 조승식 사장님과 김동준 상무님께 감사드리고, 멋진 책으로 편집을 해주신 편집자께도 감사드린다.

2008년 9월

아주대에서

김 영 태

머리말

우리는 매일 물을 마시며, 요리와 세탁 등 일상적인 일을 하는 데 물을 사용한다. 따라서 우리 모두는 생명을 유지시켜 주는 물에 감사해야 한다. 현대인들은 이미 사용한 물을 새롭고 깨끗한 물이 당연히 대신 채워줄 것이라고 생각한다. 그러나 매일 매일 우리가 사용한 더러운 물은 우리가 잘못을 깨닫기도 전에 벌써 흘러가고 없다. 다행히도 아직까지 낭비한 물로 인해 어려움을 겪지는 않았다. 그럼에도 불구하고 교육을 받은 사람들은 누구나 인간의 파괴력이 가져올 파국적인 결과를 잘 알고 있다. 인간의 파괴력 때문에 이미 많은 동식물들이 사라졌고, 많은 우물과 샘들이 오염되어 사용이 불가능하게 되었다. 이런 모든 현상들이 장기적으로 어떤 결과를 가져올지 아직까지는 분명하지 않다. 소수의 사람들은 물의 오염으로부터 자신을 보호하기 위해 정수기를 구입한다. 그러나 이런 행동은 문제를 해결하는 데 전혀 도움이 되지 않을 뿐 아니라 우리의 가장 소중한 자원인 물과의 관계를 개선하는 데 전혀 기여하지 못한다. 물은 우리 주위에 너무 흔하고 우리 행동의 결과를 너무 잘 숨겨 준다. 고체 덩어리는 사용 후 남은 잔해들이 눈에 보이기 때문에 이를 더 이상 훼손하려 하지 않는다. 그러나 사용한 물은 흘러가 버리기 때문에 고체와 경우가 다르다. 물을 남용한 결과가 드러나지 않으므로 의식적으로 노력하지 않으면 우리의 실수를 고치기가 어렵다. 그러므로 스스로 물에 대해 신경을 써야 한다. 그리고 소중한 물을 아끼는 법을 배우기 위해 물을 잘 이해하고 있어야 한다.

독일의 헤리슈리트(Herrischried)에 있는 유동과학 연구소(Institute of Flow Sciences)가 추구하는 기본 목표는 물에 대한 이해이며, 1994년 이 연구소가 쌓은 업적을 알리기 위해 '물을 이해하기(Understanding Water)'란 전시회를 열었다. 이후 연구소는 세계 여러 도시에서 같은 전시회를 가졌다. 이 책의 많은 부분은 이 전시회에 전시된 것들이고, 이 책은 미국, 프랑스, 이탈리아와 체코 등에서 번역 출판되었다.

이 책에 나오는 물방울 사진법은 매우 민감한 실험 기술로 지난 수년간 원리가 파악되었으며 현재 광범위하게 사용되고 있다. 1960년대에 이 기술을 사용해 세제로 인한 광범위한 피해가 확인되면서 대중들에게 알려지게 되었다. 그러나 전문가들로부터는 유용성을 인정받지 못했다. 카오스(chaos) 연구에 대한 관심이 커지면서 과학자들도 작은 변화가 훨씬 큰 결과를 가져온다는 것을 인정하게 되었고, 이에 따라 물방울 사진법을 높이 평가하게 되었다.

오늘날 수질에 대한 관심이 전보다 훨씬 커졌다. 이런 관심은 수질에 관해 미묘한 여러 질문들을 낳고 있다. 예를 들어 기술적으로 100% 깨끗한 물이 과연 건강에 도움이 될까? 또는 물리적인 정수 과정이 물의 활력을 없애지는 않을까? 이런 종류의 질문에 대한 답을 물방울 사진 연구에서 얻을 수 있다.

이 책에 있는 사진들은 주로 유동과학 연구소에서 제공한 것들로, 이 책을 만드는 데 도움을 준 모든 연구소 동료들에게 감사의 마음을 전한다.

2005년 9월

헤리슈리트의 유동과학 연구소에서

안드레아스 윌크스

차 례

들어가기

우리는 감각이나 내면의 경험을 통해 물이 독특한 물질이라는 사실을 잘 알고 있다. 물이 솟아나는 샘이나 졸졸 흐르는 시냇물은 우리에게 신선함과 활력을 준다. 오랜 세월 동안 인간은 물의 생명력과 활력을 경험해 왔다. 물은 생명을 탄생시키기도 하고, 병을 고치기도 하지만 때로는 몸에 병을 일으키기도 한다. 이런 감각과 경험을 통해 우리는 '살아 있는 물'에 관해 이야기한다. 그러나 흔

▲ 많은 대기 현상은 공중에 수증기나 물방울 형태로 존재하는 물 때문에 생긴다.

히 이런 이야기는 물에 들어 있는 **미네랄**(mineral : 무기질) 성분에 관한 것뿐이다. 물 스스로는 살아 있는 생명체가 아니지만, 생명체가 물과 만나는 순간 물은 살아나 생명을 유지시킨다. 더 나아가 물 없이는 생명을 생각할 수 없다. 물은 생명을 유지시키는 연결 고리이다. 물을 관찰하고 있으면 물의 이러한 중개자 역할을 깨닫게 된다.

이 책의 1장에서는 자연에서 물이 일으키는 현상과 이런 현상들이 우리에게 어떤 다양한 방식으로 영향을 미치는지 알아보았다. 2장에서는 **소용돌이**(vortex)와 같은 물의 흐름을 통해 물의 특성을 이해하고, 아울러 어떤 성질 때문에 물이 생명의 필수적인 요소가 되는지 알아보았다.

유동과학 연구소(Institute of Flow Sciences)는 지구상에서 생명의 중개자 역할을 담당하는 물에 관해 더 깊이 이해하겠다는 목표를 세우고 물의 특성을 분석하는 새로운 기술들을 개발해 왔다. 1960년대에 마시는 물의 수질 진단 및 연구를 목적으로 테오도르 슈벤크는 이 책에 실린 연구 결과의 기초가 된 물방울 사진법(drop picture method)을 개발하였다. 이 연구의 주요 관심사는 어떤 물이 좋은 물이고, 물이 다양한 처리과정을 거칠 때 어떻게 변화하는지를 이해하는 것이다. 이 연구는 또한 물의 취급과정이 물에 미치는 영향을 연구하는 것도 포함한다.

이어지는 3~5장에서는 이러한 물방울 사진법을 자세히 소개하고 연구 결과를 분석함으로써 물방울 사진 실험의 가치를 확인한다. 여기서는 물방울에 의해 수면 위에 만들어지는 패턴(pattern : 모양, 형태)과 물방울이 수면에 충격을 가할 때 일어나는 현상들을 볼 수 있다. 마지막으로 부록에 유동과학 연구소의 역사와 활동에 관해 간략히 소개하였다. 독자의 이해를 돕기 위하여 본문의 어려운 용어는 고딕체로 표기하고, 용어 풀이를 덧붙였다.

1

자연에 존재하는 물

우리가 물을 생각할 때 흔히 주위 풍경이 반사된 호수나 시냇물의 수면을 머리에 떠올리곤 한다. 그 다음으로, 예를 들면 구름이 생각난다. 그러나 둥근 조약돌을 보고는 이 역시 물에 의해 둥근 모양이 생겼음에도 불구하고 대개 물을 생각해 내지 못한다.

우리 주위에서 물이 어떻게 만들어지고 물이 어떤 작용을 하는지 알게 되면 물이 여러 단계로 모습을 드러낸다는 것을 깨달을 수 있다. 각 단계마다 물은 수많은 현상들을 일으킨다. 대기 중에 있는 물과 지하에 있는 물은 얼마나 다른가! 지하에 있어 볼 수는 없지만 물이 흐르는 숨겨진 공간도 많이 있다. 그리고 해수와 관련된 조수 간만의 세계도 존재한다.

이러한 각각의 단계를 이야기할 때 우리는 다른 용어를 사용한다. 예를 들면 공기와 빛 속에 있는 물이 일곱 가지 아름다운 색깔로 나타날 때, 우리는 그것을 무지개라고 한다. 이는 해가 뜨거나 질 무렵의 하늘을 특별히 노을이라고 하는 것과 비슷한 경우이다. 수면 위로 빛이 반사되어 반짝거리고, 바다에서 파도가 넘실댈 때, 우리는 그 모습을 보고 활력을 느낀다. 반면, 평화로운 물의 흐름을 보고 있으면 마치 우리 몸이 공중에 떠 있는 것처럼 편안해진다. 이처럼 물은 다양한 모습으로 존재하지만 우리는 흔히 물이 얼음의 형태, 즉 고체 상태일 때만 물체로 인식하고 있다.

물은 세상에 존재하는 다른 사물들과는 다른 방식으로 조사해야 한다. 하늘이 만드는 색이나 수면에 비친 해안가의 모습처럼 물은 많은 현상들 뒤에 숨어서 다양한 변화를 일으키는 숨기의 명수이다. 물이 특정 현상에 관여하면 할수록 그 현상을 통해 물의 존재를 확인하기가 더 어려워진다. 대기 중에 습기가 없다면 지구는 바짝 말라 먼지로 변하며 모든 생명체들은 죽음을 맞이할 것이다.

통상적인 수학으로는 물의 생명력이나 생명을 보조하는 기능은 차치하고 물의 물리학조차 기술하기 어렵다. 물을 제대로 이해하려면 실제적으로 물이 보여주는 여러 단계의 현상들을 하나로 기술할 총체적인 접근법이 필요하다.

이제 우리는 물과 관련된 여러 단계의 다양한 현상들을 보게 될 것이다. 물방울 사진 실험에서 나타난 물의 여러 활동은 주로 지하에서 일어난다. 지하 세계는 눈에 보이지 않는 여러 가지 물의 운동들이 일어나는 곳이다. 지하에서 물은 맴돌이와 작은 소용돌이를 만들며 흐르고, 이들을 관찰하려면 특별한 방법이 필요하다.

대기와 빛 속에 있는 물

우리 마음에 강한 인상을 남기는 하늘의 푸른색, 구름, 그리고 무지개와 같은 대기 현상은 모두 공중에 작은 물방울이 되어 떠 있는 물이 존재하기 때문에 일어난다. 물은 자유 낙하하면서 작은 물방울을 형성한다.

▲ **안개 물방울.** 자유 낙하하는 빗방울들은 크기에 따라 공중에서 모양이 다르게 변한다.

▼ 물은 대기를 밝거나 어둡게, 또는 색을 띠게 한다.

대기와의 경계면에 있는 물

흐름이 없는 잔잔한 물은 거울과 같다. 이것을 잘 관찰하면 물방울과 빛의 반사, 파동의 전파를 기술하는 기하학적 법칙들을 발견할 수 있다. 물에 자극을 주면 물방울이 튀고 파동이 만들어진다. 또는 꿈꾸듯 부드럽게 물의 파동이 스쳐 지나가는 것을 경험할 수 있다.

샘물은 샘에서 솟아오르고, 강한 소용돌이는 물을 아래로 빨아들인다. 물은 솟아나거나 빨려 들어가면서 물의 내부 운동을 보여준다. 그리고 우리는 무의식적으로 이를 자연의 여러 힘 가운데 하나라고 생각한다.

▲ 공기 방울이 떠오르며 원형의 파동을 만든다.

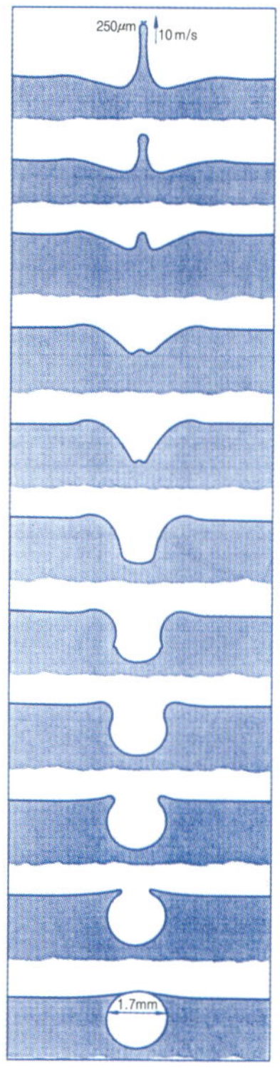

➤
공기 방울이 떠오르며 물방울을 공중으로 흩뿌린다(그림의 아래에서 위로).
이때 염과 유기물을 함께 공중으로 방출한다.

▲ **순수한 물** : 많은 파동이 보인다. ▲ **세제를 푼 물** : 몇 개의 파동만이 보인다.

모세관 파(capillary wave, 132쪽 참고)는 수면에 작용하는 힘 때문에 나타난다.

▲ 독일 슈바르츠발트에서 관찰된 모세관 파

▲ 바람에 의해 생긴 수면파

▲ 떨어지는 물이 만든 수면파

▲ 흐르는 물이 만든 수면파

물이 공중으로 치솟으며 물방울을 만든다.

밀어올리기 또는 빨아들이기

물의 내부에서 샘처럼 솟아오르는 운동과 깔때기 모양의 소용돌이 운동이 일어난다. 수면이 솟아오르거나 빨려 내려가는 것을 통해 미지의 힘들이 물에 작용한다는 것을 어렴풋이 느낄 수 있다.

◀ 시냇물의 수면이 잔물결과 수면파로 반짝거린다. 잔물결과 수면파는 수면 아래에 소용돌이와 물굽이가 있음을 말해 준다.

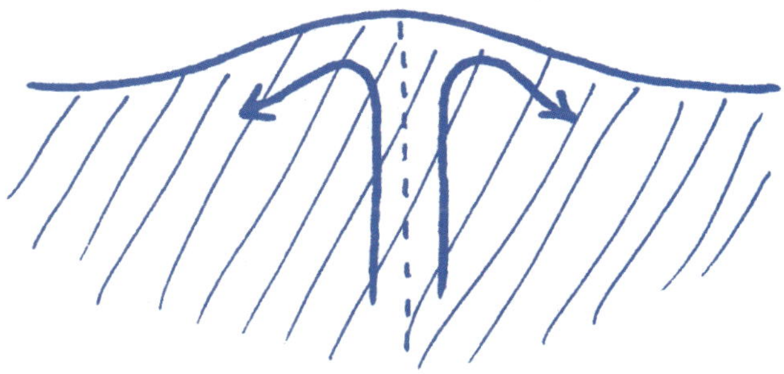

▲ **솟아오르는 운동** : 물이 수면으로 솟아올라 수면이 부푼다.

◀ 유리 용기 안에서 회전하는 물은 아래쪽으로 내려가는 동시에 바깥쪽으로 이동한다. 수면이 아래로 꺼지면서 깔때기 모양의 소용돌이가 만들어진다.

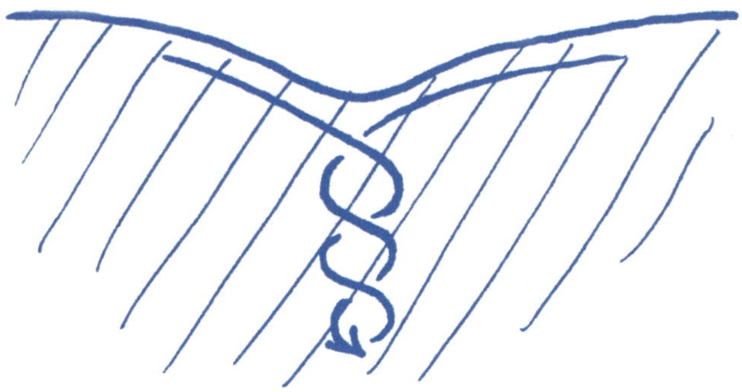

▲ **소용돌이 깔때기** : 소용돌이에 의해 수면에는 잔물결이 생긴다.

수면 아래에 있는 물

물에 물감을 풀어 눈에 보이도록 하지 않으면 일반적으로 수면 아래에서 일어나는 물의 운동을 알 수 없다. 물은 우리 몸에 관성력을 작용한다. 즉, 물에 몸을 담그고 있으면 우리는 몸무게를 느낄 수 없게 된다. 또 방향 감각이 사라지고 사방이 동일한 것처럼 느껴지며 온도도 같아진다.

눈에 보이지는 않지만 물속에서 일어나는 운동을 관찰하다 보면 생명체가 지닌 무한히 창조적인 패턴을 떠올리게 된다. 소용돌이는 물의 운동 중에서 가장 특징적인 것이다. 중력이 아닌 다른 이유로 물이 흐른다면 반드시 소용돌이가 나타난다.

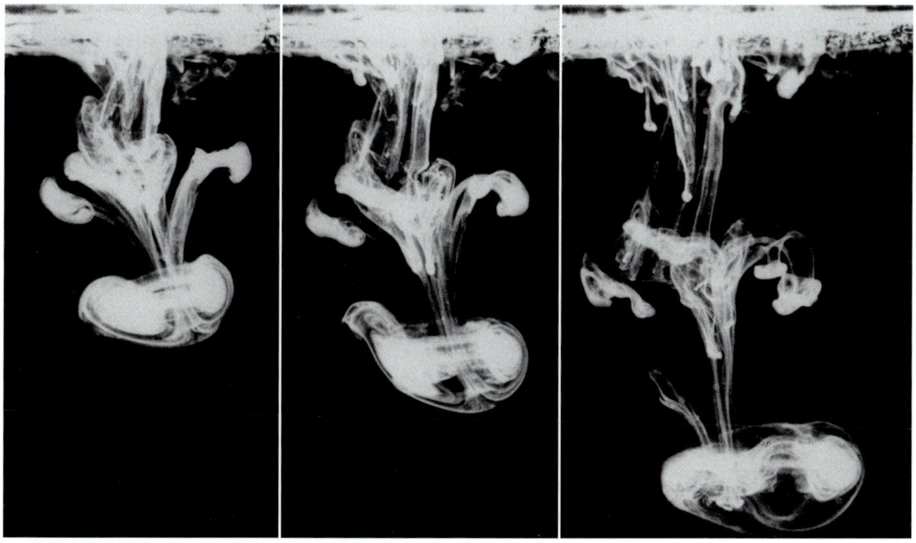

▲ 우유방울을 물에 떨어뜨리면 우유가 퍼져나가면서 소용돌이 고리가 만들어진다.

▲ 진흙탕 물에 생긴 소용돌이

고체 경계면 위를 흐르는 물

흐르는 물은 고체 표면에 무한히 다양한 패턴의 흔적을 남긴다. 물이 만든 이런 패턴을 파악하기 위해서는 집중해서 관찰해야 한다. 물은 고체 표면을 녹이거나 씻어 내려가면서 패턴을 만들고, 고체 덩어리를 쌓아 패턴을 변형시키기도 한다.

물은 또한 고체 안에 남아 활동하기도 한다. 예를 들어 물은 물체를 부드럽고 휘기 쉽게 할 뿐 아니라 물질들이 서로 붙어 있게 해준다.

▲ 석회석 덩어리가 침식되면서 생긴 패턴

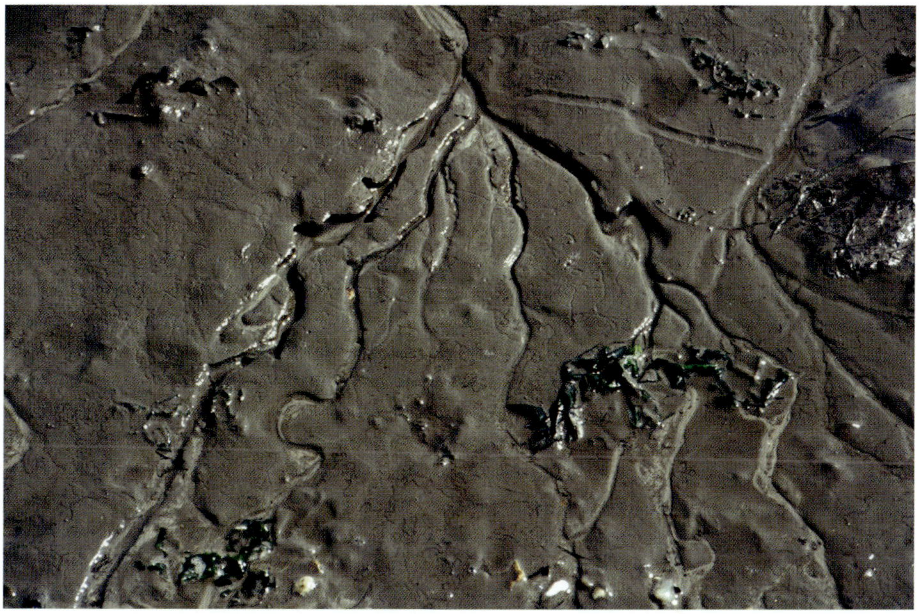

▲ 북해의 모래와 퇴적물 위에 생긴 사행천. 물은 고체 표면을 녹이거나 씻어 내려가면서 패턴을 만들고, 고체 덩어리를 쌓아 패턴을 변형시키기도 한다.

▲ 아일랜드의 한 바위에 남아 있는 사행천의 흔적

▲ 사행천은 물의 흐름이 리드미컬하다는 것을 말해 준다.

퇴적물에 의해 삼각주가 형성된다 ← 사행천이 퇴적물을 운반한다 ← 물이 나무를 침식하고 녹인다

2

물이 일으키는 현상

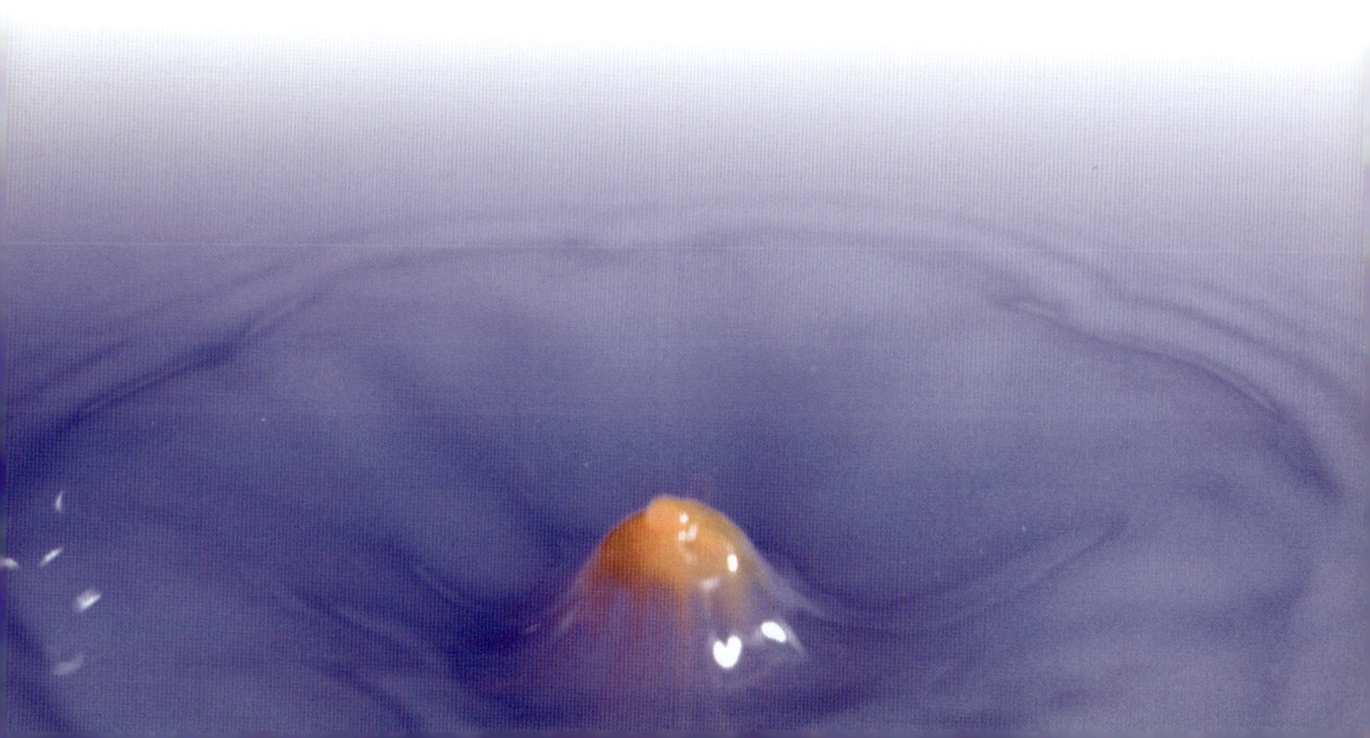

뉴턴의 운동 법칙을 알고 있다면 당구공을 쳤을 때 공이 어디로 갈지 어렵지 않게 예측할 수 있다. 이것은 모든 구기 운동에서 동일하다. 그러나 물의 경우는 다르다. 물은 직선으로 흐를 때라도 풍성하고 다양한 형태를 보인다. 이 때문에 물의 운동을 고체 역학의 관점에서 예측하려 한다면 당황하게 된다. 물의 세계는 생성, 소멸, 진행 등의 다양한 단계를 거치는 단계적 과정의 세계이다. 그러므로 정적인 개념으로는 물이 보여주는 다양한 현상을 기술할 수가 없다. 따라서 이를 기술할 새로운 개념이 필요하다.

물은 태생적으로 아주 작은 크기에서부터 아주 큰 크기를 가진 나선형과 사인파형의 패턴을 보인다. 이 패턴들은 소용돌이의 변형으로 생각할 수 있다. 따라서 소용돌이는 물의 가장 기본적인 흐름의 형태라고 할 수 있다. 그러나 이때 형태라는 개념은 고체를 다룰 때 사용하는 개념과는 다르게 이해해야 한다. 물감을 푼 물을 투명한 물에 떨어뜨리면 소용돌이가 만들어지고, 물감의 경계면에서 패턴이 생기는 것을 볼 수 있다. 그러나 물 전체가 움직이기 때문에 물감 경계면은 진짜 경계면이 아니다. 수면 또는 물을 담고 있는 고체로 이루어진 면(해저면, 용기의 유리벽 등)과 같은 경계면만이 진짜 경계면이다.

맴돌이나 소용돌이가 만들어지고 사라지는 것을 기술하기 위해 생물학의 개념을 빌려와 사용한다. 움직이던 소용돌이 고리가 장애물을 만나면 복잡한 변형을 마감한다. 이런 변형들이 수없이 반복되는 것은 물의 질량이 계속해서 변하기 때문이다. 계속되는 **층밀림**(shearing)과 소용돌이 운동이 이런 변형을 가능하게 한다. 이 두 운동은 유체의 필수 운동이다. 층밀림 흐름에 의해 생겨난 소용돌이는 물에 떨어뜨린 물감을 소용돌이 주위의 수면 바깥쪽으로 민다. 그리고 아직 섞이지 않은 물감을 수면에 생긴 소용돌이 안쪽으로 끌어당긴다. 이런 과정은 소용돌이 고리에서 특히 잘 드러나는 법칙을 따라 진행되며, 생명체의 성장 과정을 연상시킨다. 우리는 소용돌이들이 만나 새로운 소용돌이가 어떻게 만들어지는지, 한 소용돌이가 여러 개의 소용돌이로 어떻게 나누어지는지, 흐름이 느려지면서 소용돌이가 어떻게 사라지게 되는지를 관찰한다. 정지한 물이 흐르기 시작하면 흐름의 변화가 시작되고, 소용돌이가 생기거나 사라지는 과정이 반복되다가 다시 물은 정지한다. 소용돌이는 운동과 정지의 양 극단을 연결해주는 매개체이다.

이제 우리는 물이 소용돌이를 만들기도 하고 소용돌이를 사라지게도 하는 존재이며, 항상 활동적으로 자신을 변형시키는 존재임을 알게 되었다. 절대적으로 정지한 물이란 존재할 수 없다. 유리그릇 속의 정지한 물일지라도 끊임없이 증발을 일으켜 수면의 온도를 낮추고 이로 인해 물이 가라앉는 대류가 일어난다. 따라서 물은 항상 흐르고 있다.

성장과 소멸, 형성과 변형은 모든 생명체가 가진 기본적인 속성들이다. 개별화된 생명체는 경계를 필요로 한다. 이는 표피로부터 세포의 미세 구조까지 경계를 가지고 있음을 의미한다. 물은 생명체의 이런 속성마저도 포용한다. 따라서 물이야말로 생명체에 가장 필수적인 요소이다.

테오도르 슈벤크는 한 강연에서 다음과 같이 이야기했다. "물은 생명체가 가진 속성을 가지고 있지 않지만, 물이 없다면 생명체도 없습니다. … 물은 생명체가 하는 행동들(성장, 임신, 번식, 허물벗기, 영양 공급, 대사 작용 등)을 보이지는 않지만, 물은 이런 모든 일들을 가능하게 해줍니다. … 물이 이런 일을 할 수 있는 까닭은 무엇일까요? 물은 철저히 자기 자신을 버림으로써 모든 생명체를 창조하는 물질이 되었습니다. 자신의 삶을 버림으로써 물은 모든 생명체가 가장 필요로 하는 요소가 되었습니다. 고정된 모습을 버림으로써 물은 모든 것을 변형시킬 수 있게 되었습니다. 물은 자신의 리듬을 버림으로써 모든 리듬의 운반자가 될 수 있었습니다."

계속해서 슈벤크는 이야기했다. "물은 조직을 거부하였기 때문에 살아 있는 모든 것들의 가장 중요한 조직이 되었습니다. 물의 생명 인자들은 각자의 기능을 가지면서도 분리되어 있지 않고 기능적으로 통합되어 있습니다."

물이 일으키는 현상들은 상식에 도전한다

완전히 투명한 물에서는 흐름이 보이지 않는다

물의 흐름에 대해 한번이라도 완벽히 이해한 적이 있을까? 투명한 물에서는 흐름이 보이지 않는다. 무엇인가를 보려면 빛과 어둠이 필요하다. 따라서 물의 흐름을 조사하려면, 물에 입자나 물감, 글리세린 등을 풀어 어두운 부분이 생기게 해야 한다. 이런 여러 방법을 사용하면 물 흐름의 특성(경로나 점, 띠, 물감의 움직임 등)을 연구할 수 있다. 그러나 이 모든 특성을 동시에 관찰하는 것은 불가능하다. 우리의 사고를 유연하게 해야만 이 과정들을 모두 이해할 수 있다.

◀ 수면 위에 떠 있는 종잇조각으로 사각형 욕조 안의 물 흐름을 볼 수 있다.

유리 비커 안의 물 흐름 ▶

흐르는 물은 닫힌계가 아니라 통합체이다

물을 흐르게 하는 여러 요인들은 분리되어 있지 않고 상호 작용에 따라 조화롭게 움직인다. 이런 조화는 경계면(예를 들어 수면)에서도 예외가 아니다. 그러나 우리는 보통 물을 외부와 에너지 교환이 없는 닫힌계라고 잘못 생각하고 있다. 물의 각 부분의 운동은 다른 모든 부분에 영향을 미치므로 우리는 물을 하나의 통합체로 보아야 한다.

물은 우리가 상상한 것과는 다르게 움직인다

물이 있는 좁은 수로에서 막대를 끄는 간단한 행위조차도 놀라운 현상을 일으킨다. 때때로 물의 흐름을 정확히 예측한다는 것 자체가 불가능하다는 것을 깨닫게 된다. 물의 흐름을 예측하려면 좀 더 유연한 사고를 해야 한다. 한 이미지를 연관이 있는 다른, 새로운 이미지와 연결시킬 수 있어야 한다. 물은 겉으로 드러난 현상을 그 본질까지 깊이 이해하도록 우리에게 도전한다.

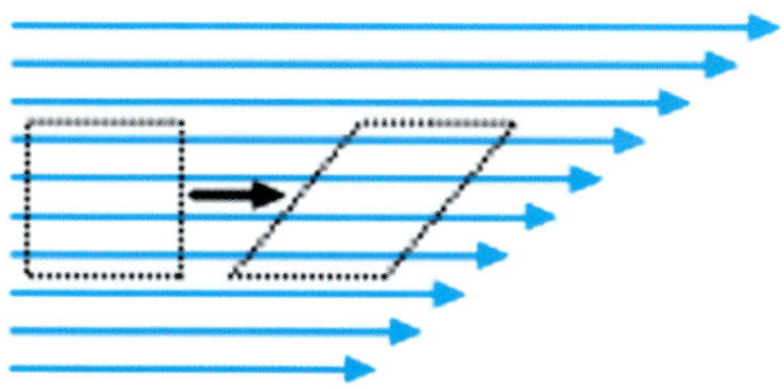

▲ 층밀림 흐름에서 가상의 사각형이 변형되는 것을 보여준다.

물의 흐름과 관련된 현상은 우리의 사고방식을 변화시킨다

물이 흐르는 과정을 이해하려고 할 때조차 우리는 머릿속에 고체의 이미지를 떠올린다. 고체를 관찰하며 터득한 이런 사고방식은 고체를 다루기에 적합하다. 그러나 이 때문에 물의 운동을 다룰 때에도 고체 개념에 바탕을 둔 사고방식을 적용하려고 한다.

이런 성향 때문에 **유체**(fluid)를 이해하기가 매우 어렵다. 예를 들면 왜 물이 좁은 지역을 빠져 지나갈 때 압력이 커지지 않고 오히려 압력이 낮아져서 흡인력이 생기는가? 유체의 이런 성질을 이해하려면 '유체적인 사고'를 할 줄 알아야 한다. 즉, 동영상적인 사고가 필요하다. 물은 우리 사고방식의 전환을 요구한다.

> '…그리고 자연을 해석하는 또 다른 방법이 있을까? 자연을 서로 공통점이 없는, 동떨어진, 그러나 살아 있는, 투쟁하는 존재로 보는 그런 방법 말이네.…'
>
> – 1794년 7월 괴테가 쉴러에게 보낸 편지에서

물의 운동 반응 : 통일성 속의 다양함

- 물은 선형 자극에 대해 리듬, **분화**(differentiation), 소용돌이 운동으로 반응한다.
- 물의 모든 영역은 서로 연결되어 있으며 각 부분은 조화롭게 자신의 몫을 담당한다.

이로 인해 물은 한몸이라는 인상을 주게 된다.

수면 위에 고운 분말이나 꽃가루를 뿌리면 물의 흐름을 관찰할 수 있다. 또는 글리세린 두세 방울을 물에 섞어 흐름을 느리게 하면 흐름을 좀 더 잘 관찰할 수 있다.

물은 흐름에 방해를 받게 되면 리드미컬하게 앞뒤로 움직인다. 물이 너무 빠르지도, 또 너무 느리지도 않은 적당한 속도로 흐를 때 가장 발달된 패턴을 볼 수 있다.

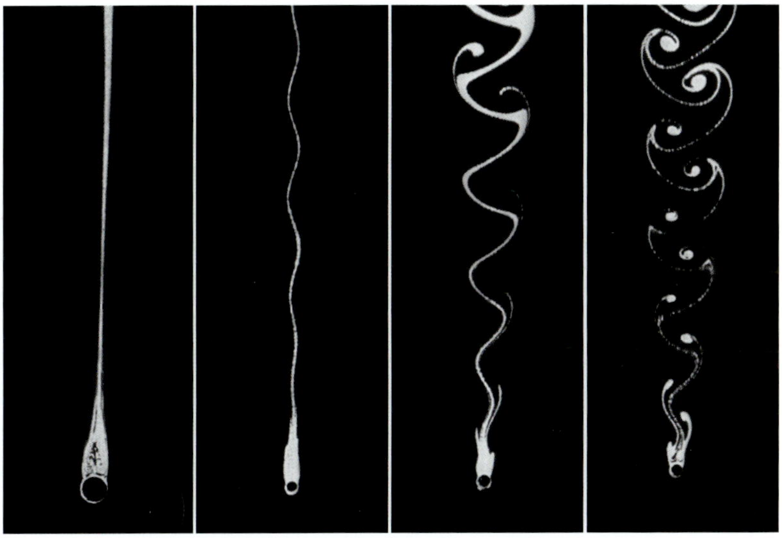

▲ 물이 사진의 아래로부터 위쪽으로, 정지한 막대를 지나 흐른다.

- 느리게 흐를 때 : 물이 진동하기 시작한다.
- 빠르게 흐를 때 : 물이 구불거리며 소용돌이치는 게 분명하게 나타난다.
- 물의 흐름이 더 빨라지면 카오스 형태가 나타난다(여기에는 나와 있지 않음).

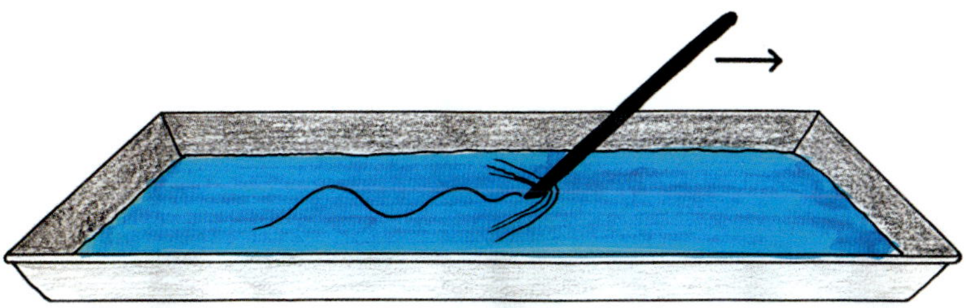

▲ 물에서 막대를 직선으로 끌어당긴다.

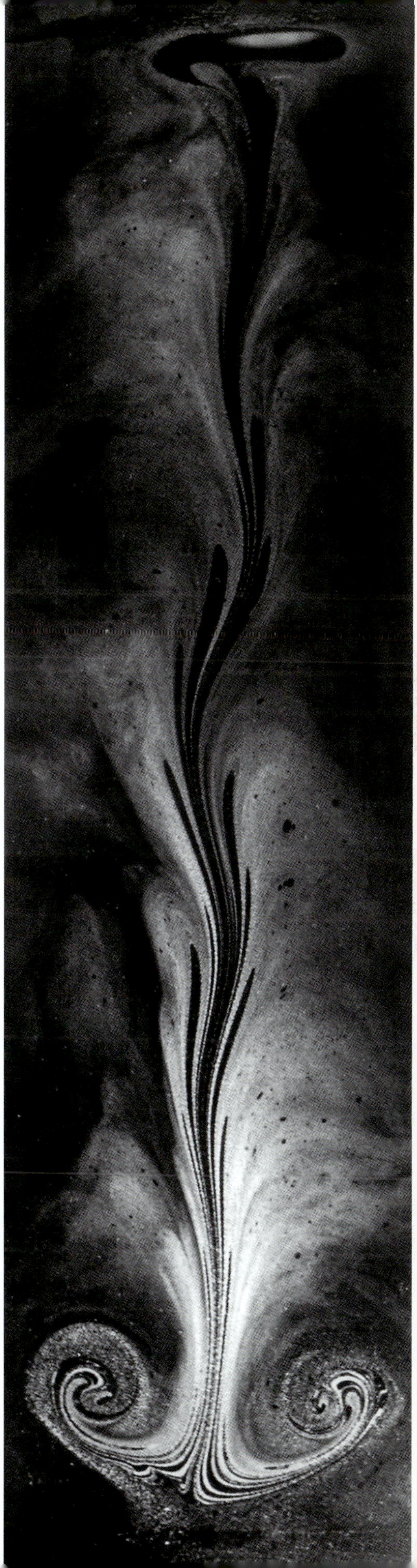

▲ 막대(사진의 위에서 아래로 이동) 뒤에서 물이 작은 진동을 일으키기 시작한다.

▲ 사진 노출을 길게 하면 물의 회전 운동을 관찰할 수 있다.

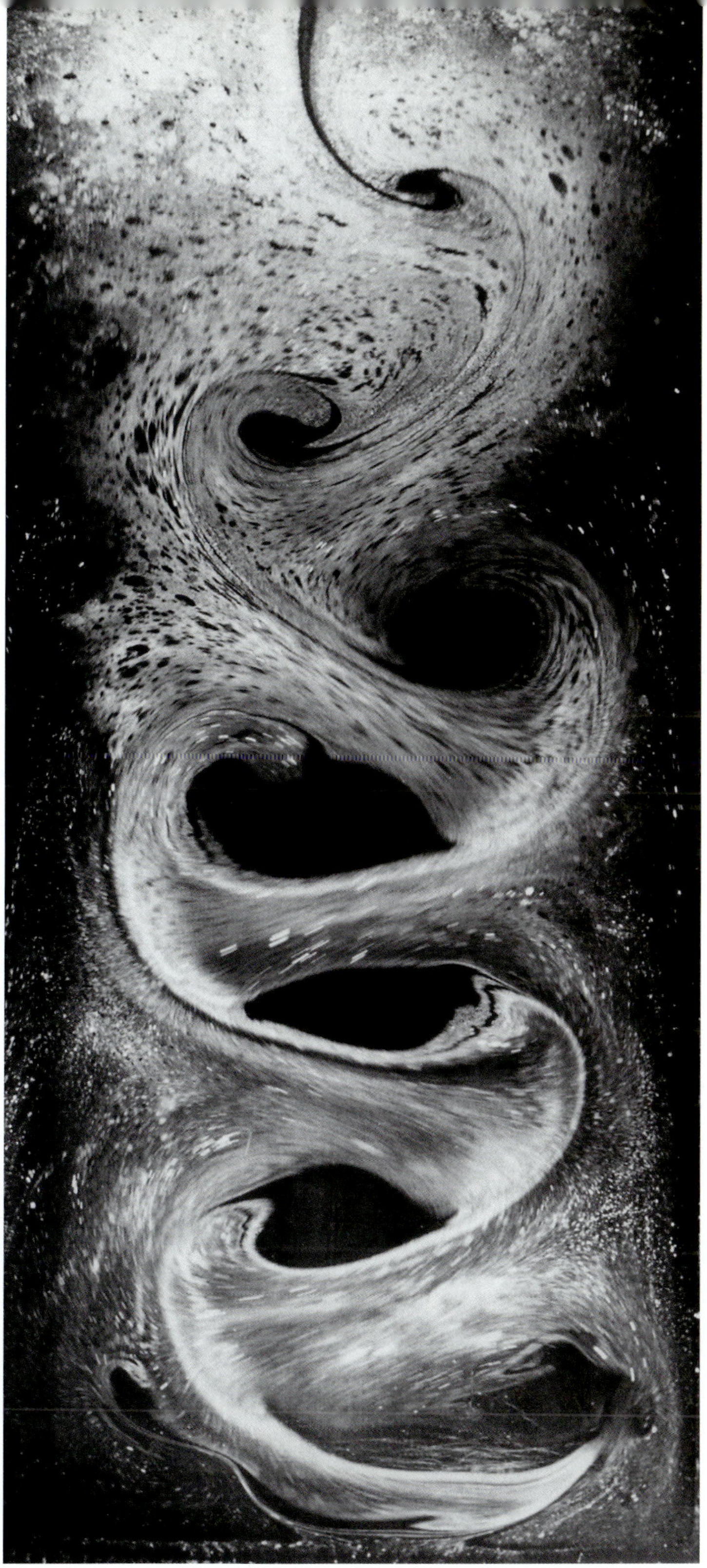

▲ 노출을 더 길게 하면 운동의 진행 과정을 볼 수 있다.

▲ 충분히 진행된 물 흐름의 복잡한 패턴

소용돌이

소용돌이는 흐름의 한 종류이다. 난류에서는 미세한 크기의 소용돌이부터 아주 큰 소용돌이까지 다양한 크기의 소용돌이가 나타난다. 해류의 경우 대륙보다 크기가 큰 소용돌이가 만들어지기도 한다.

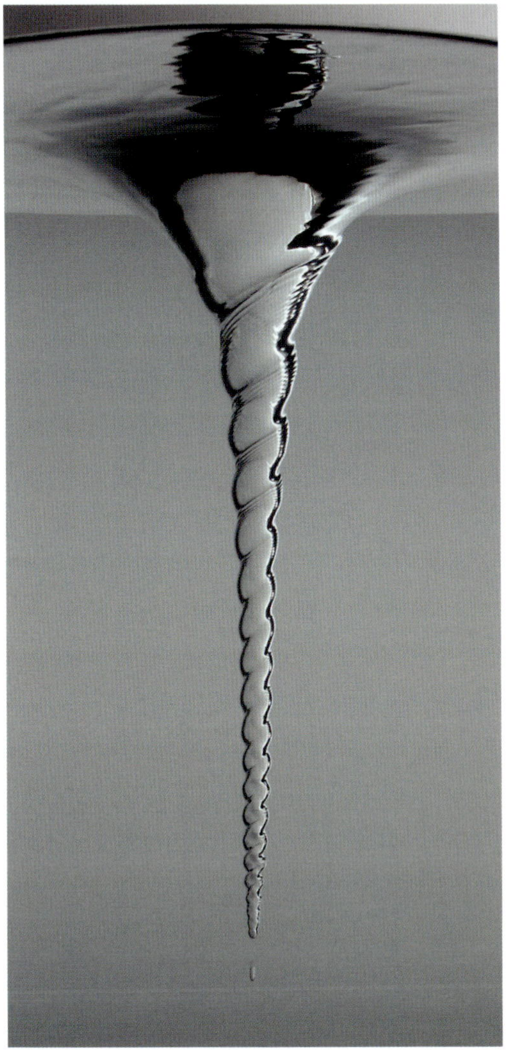

▲ 회전하는 물의 위쪽에 소용돌이가 만들어져 수면이 나사 모양으로 아래로 내려간다.

▲ 소용돌이에서 물은 항상 수직 중심축 주위로 회전한다.

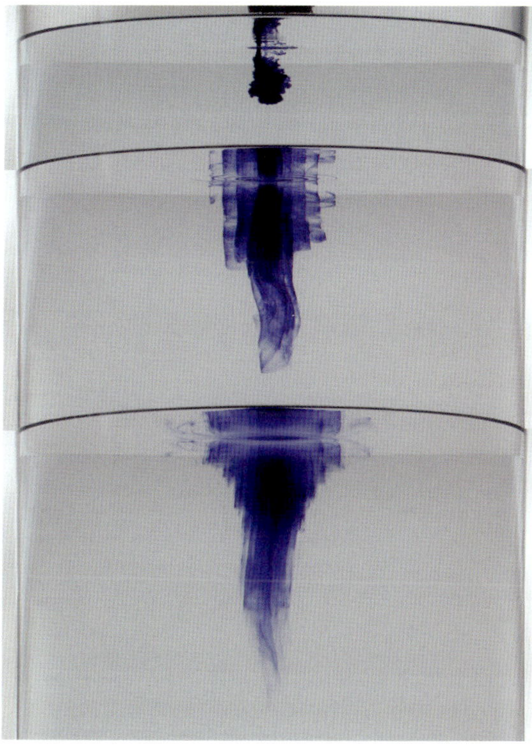

◀ 회전하는 소용돌이 안으로 물감을 떨어뜨린다.

◀ 중심부로 갈수록 회전이 빨라지며 물감은 얇고 넓은 막으로 변한다.

◀ 시간이 흐를수록 막의 면적이 증가한다.

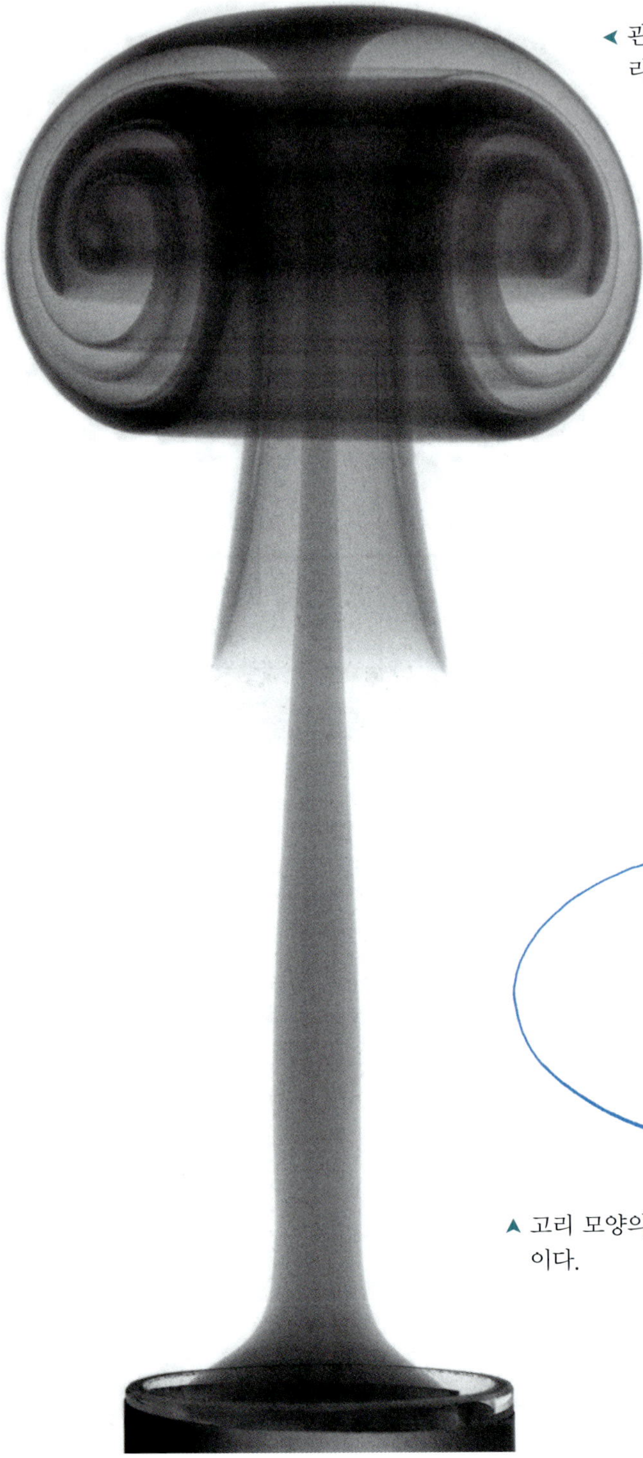

◀ 관을 통해 물을 위로 내뿜으면 고리 모양의 소용돌이가 생긴다. 이 사진은 소용돌이를 옆에서 찍은 것이다. 안쪽 회전 운동의 중심이 고리 모양을 하고 있다. 고리는 지면에 수직이다.

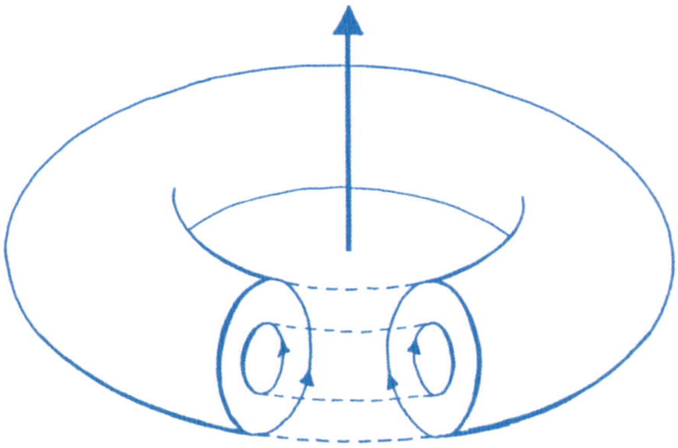

▲ 고리 모양의 소용돌이는 물의 운동 가운데 가장 흔한 것이다.

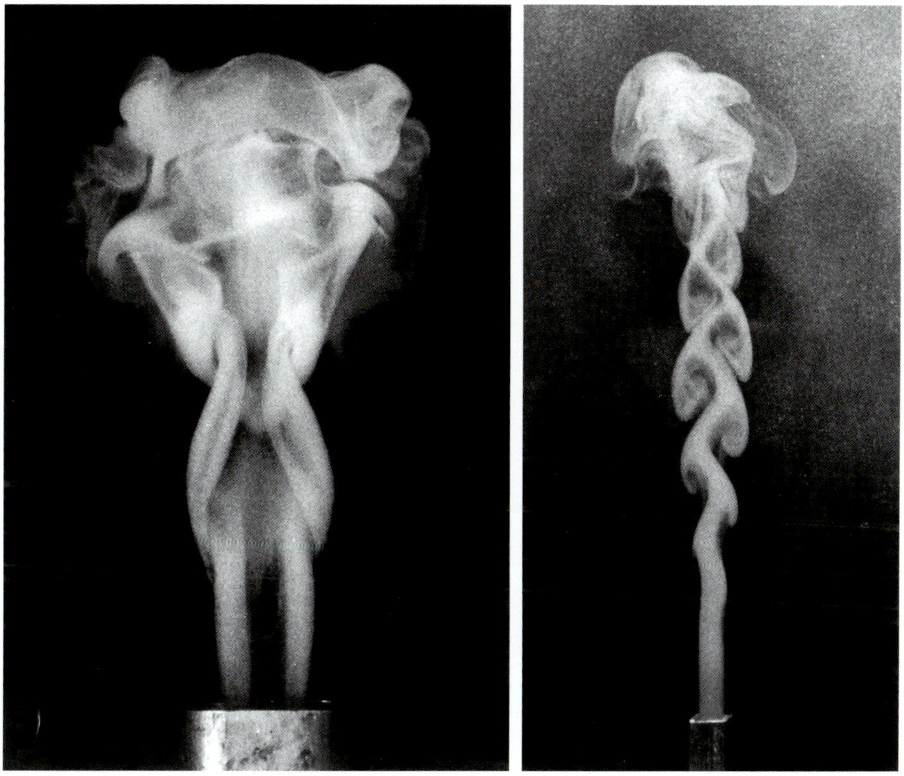

▲ 여러 소용돌이가 만나 생명체의 조직과 같은 모양을 만든다.

'멀리 떨어져 있음에도 불구하고 천체 운동을 발견하는 데 큰 어려움은 없었다. 하지만 내 눈앞에서 흐르는 물의 운동을 이해하는 것은 어렵다.'

– 갈릴레오 갈릴레이(1564–1642)

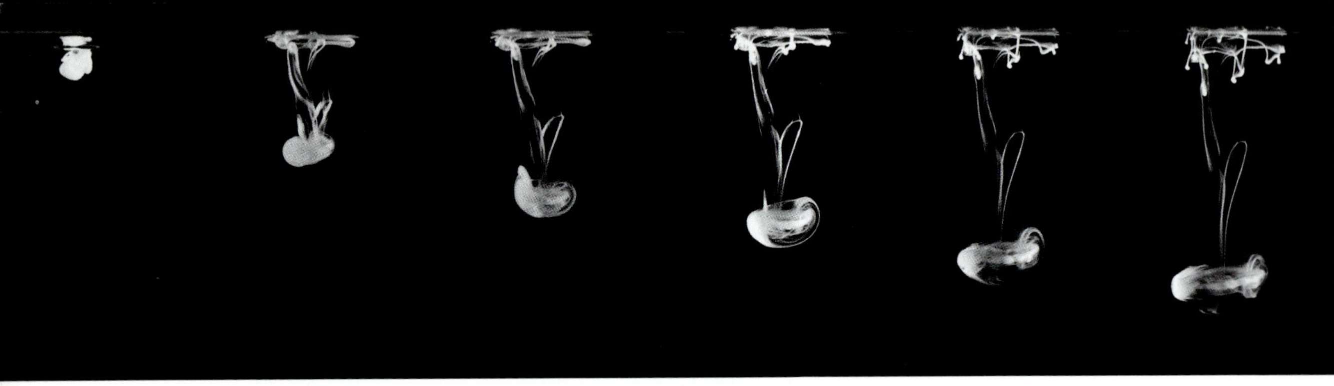

▲ 잉크방울을 떨어뜨려 만든 고리 모양의 소용돌이

고리 모양 소용돌이의 변화 과정

물이 담긴 용기 아래에서 관을 통해 흰색 물감을 분사시키면 고리 모양의 소용돌이가 만들어진다. 고리는 매듭을 만들고 곧 물결처럼 진동한다. 고리가 수면에 닿을 때 물감으로 형성된 얇은 막의 안과 밖이 바뀌면서 복잡한 모양으로 회전한다. 그 후 처음에는 중심쪽으로, 그 다음에는 아래와 바깥쪽으로 회전하며 새로운 여러 소용돌이들을 만든다.

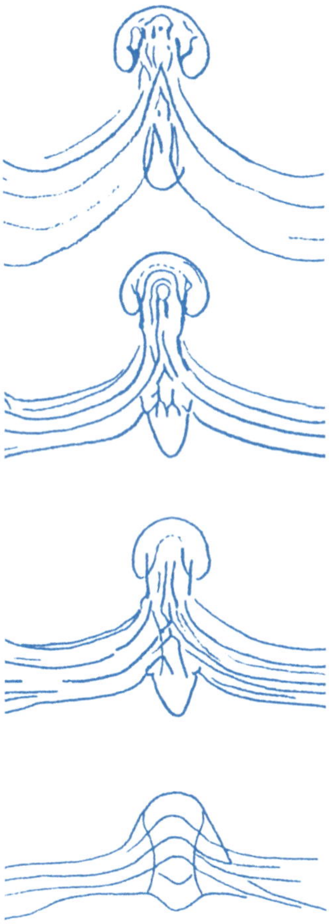

◀ 물방울 사진에서 소용돌이가 만들어지는 과정

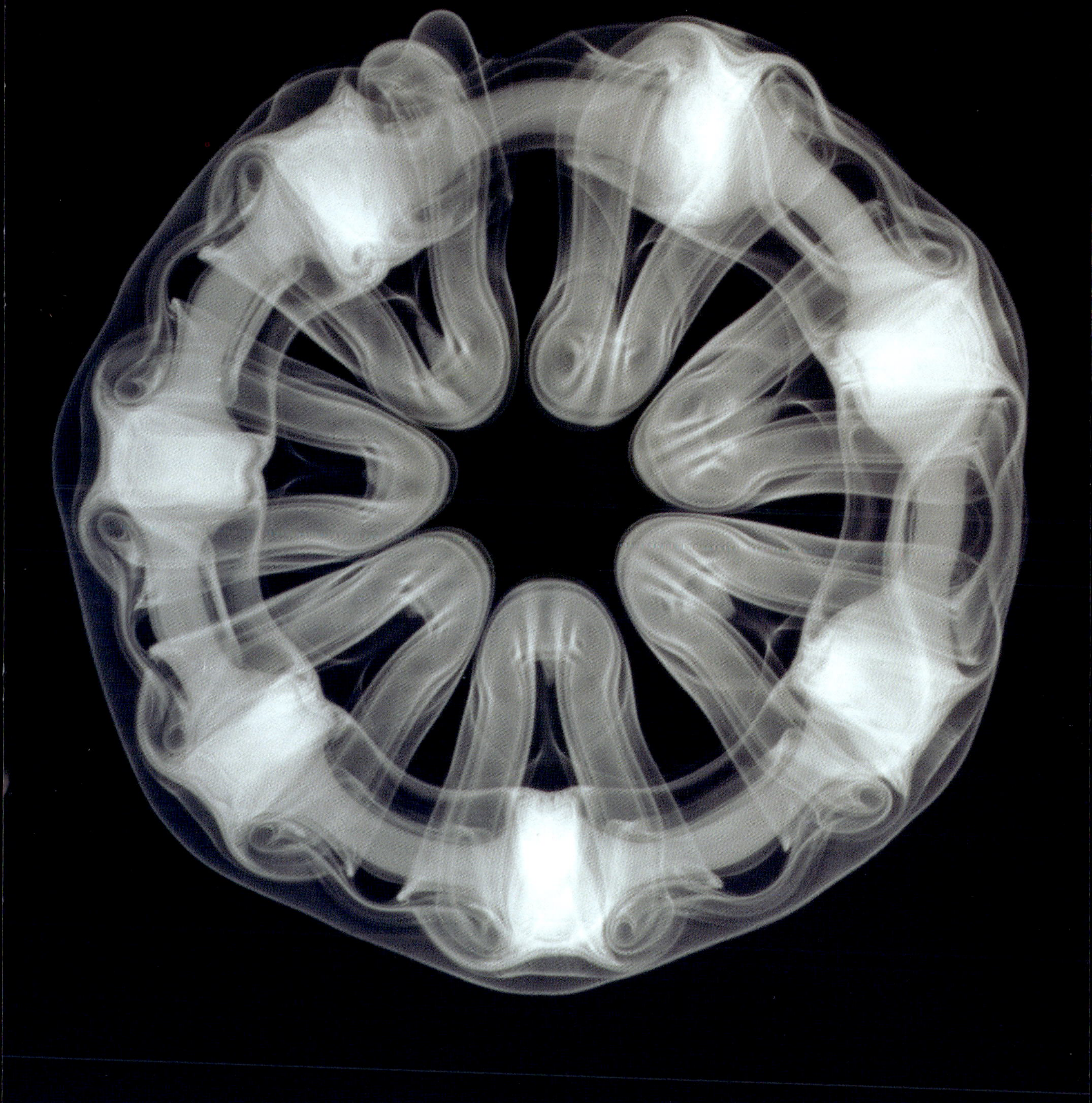

▲ 수면으로 떠오르는 고리 모양의 소용돌이가 변화하는 것을 위에서 본 모습

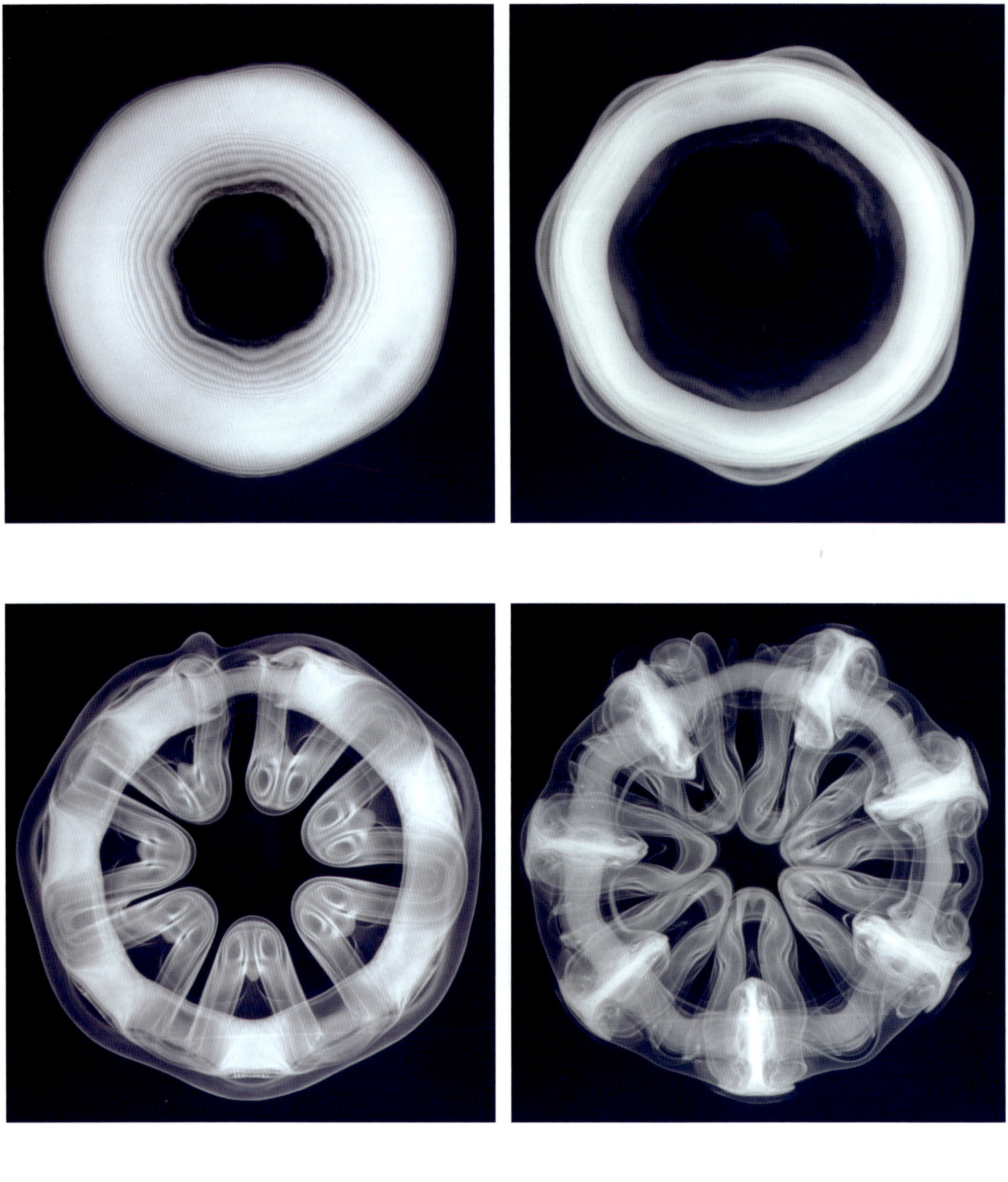

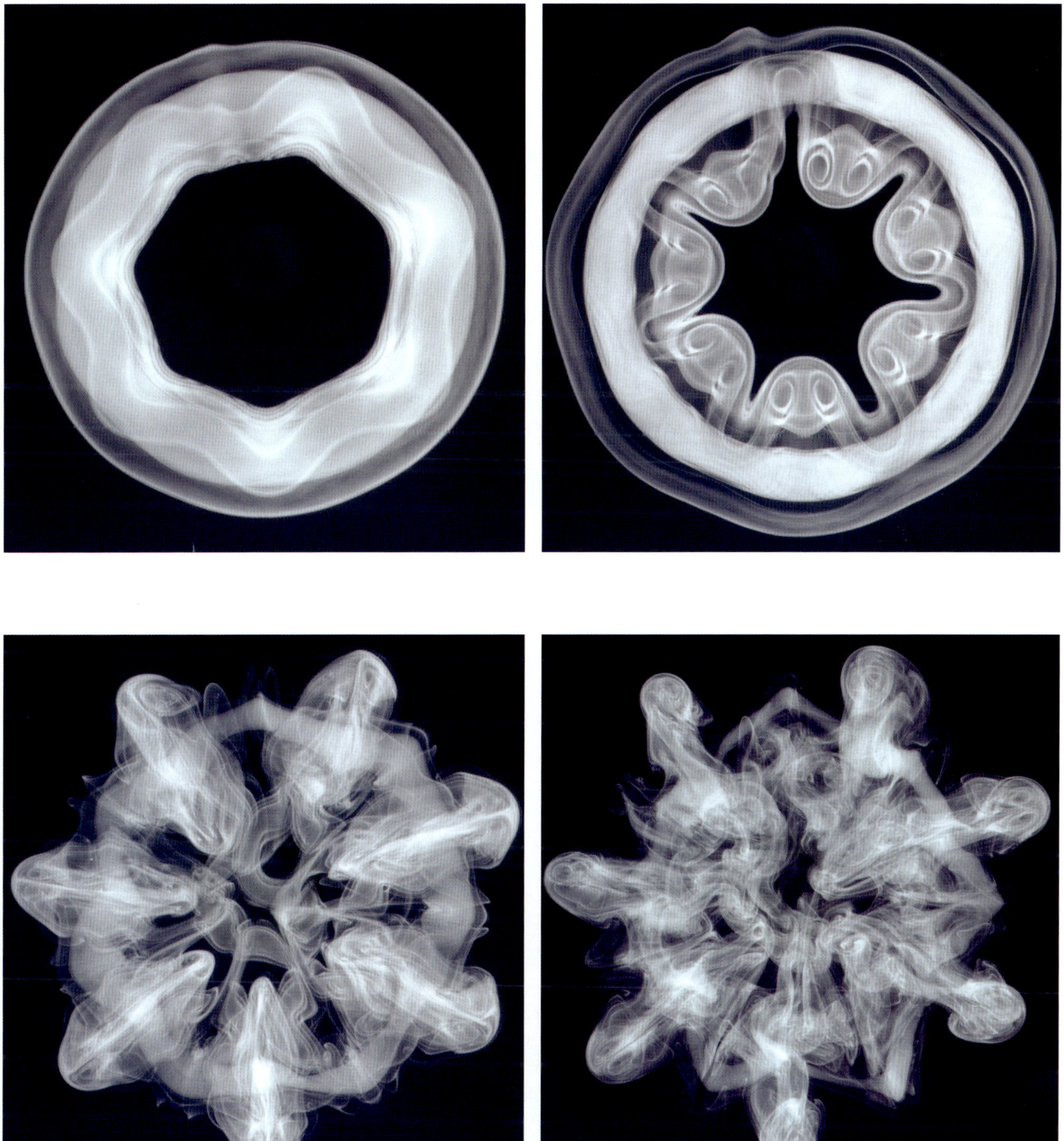

물의 운동과 수질

파동

물의 운동 상태를 보면 수질을 알 수 있다. 똑같은 모양의 납작한 그릇 두 개에 같은 양의 물을 담고, 두 물을 동시에 운동시켜 보자. 왼쪽 그릇에는 순수한 물이, 오른쪽 그릇에는 한 방울의 세제를 푼 5리터의 물(희석률 250,000분의 1)이 담겨 있다.

왼쪽 그릇에는 순수한 물이, 오른쪽 그릇에는 한 방울의 세제를 푼 물이 들어있다. 수면에 비친 주위 모습을 볼 수 있다.

두 그릇의 물을 동시에 같은 크기의 힘으로 흔든다.

◂ 3초 후 운동을 볼 수 있다. 순수한 물(왼쪽)의 파동에서 잔물결이 더 발달되어 있다.

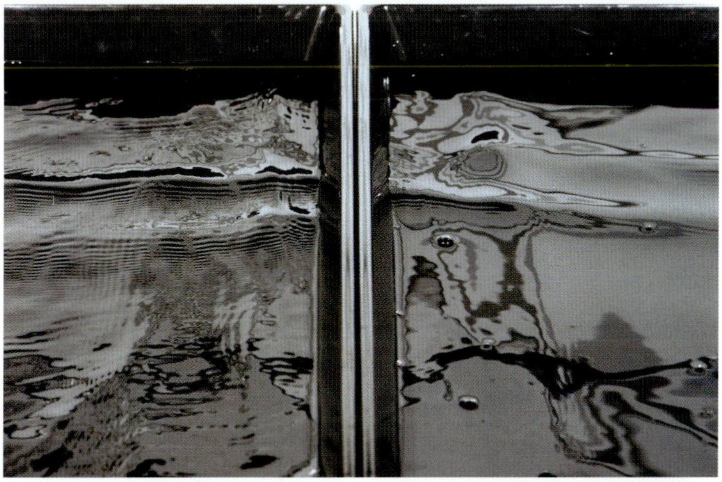

◂ 6초 후 순수한 물(왼쪽)에서는 많은 모세관 파를 뚜렷하게 볼 수 있다.

◂ 28초 후 세제를 푼 물(오른쪽)은 다시 잔잔해져 있는 반면, 순수한 물은 여전히 운동이 남아 있어 수면에 반사된 주위의 모습이 비뚤어져 있다.

사행

흐르는 물은 장애물을 만나면 사행(蛇行)하기 시작한다. 이는 마치 뱀이 구불구불 이동하는 모습과 같다. 사행의 정도는 수질과 관련이 있다.

젖어 있는 매끈한 면 위에서 아래쪽으로 흐르는 물이 사행한다(사행하는 것을 더 잘 보이도록 하기 위해 푸른색 잉크를 첨가했다).

▲ 순수한 물이 마르고 매끈한 면 위에서 심하게 사행하고 있다.

▲ 물에 세제 한 방울을 첨가하면 물이 사행하지 않는다. 물이 직선으로 넓게 퍼져 흐른다.

▲ 다시 순수한 물을 흘리면 흐름이 좁아졌다가 세제를 만나서는 흐름이 다시 넓어진다.

물의 극성

● 얼음을 녹이고 증발시켜 대기와 하나가 되게 한다.

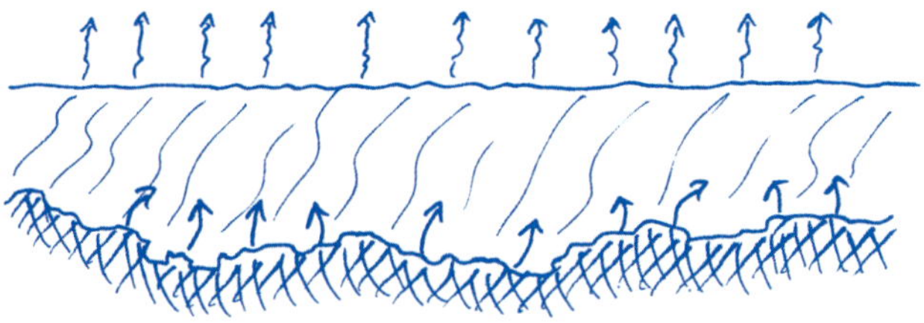

● 수면을 형성하고 온도를 일정하게 한다.

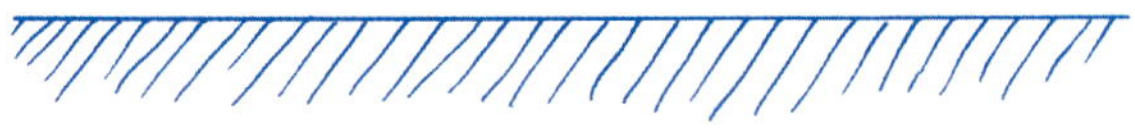

● 중력으로 물을 흐르게 한다. 층밀림을 통해 유속이 달라지게 한다.

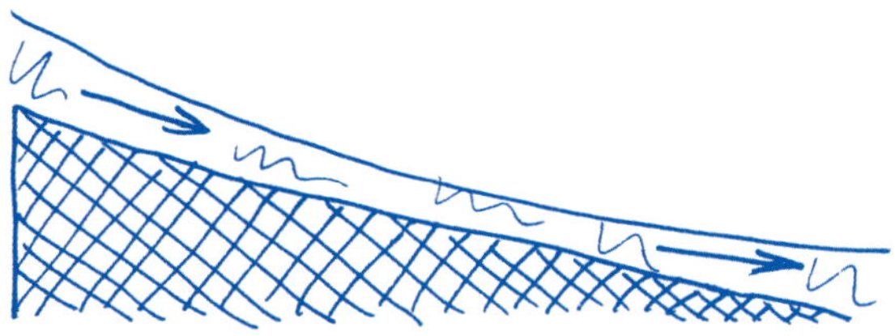

● 물이 한 물체처럼 행동하게 한다. 물방울의 형태가 구형이 되게 하며, 이는 바다가 존재하는 원인이 된다.

● 시간에 따라 흐름 패턴이 달라지게 한다. 소용돌이를 만들어 물을 회전시키고, 나아가 순환하는 해류를 만든다.

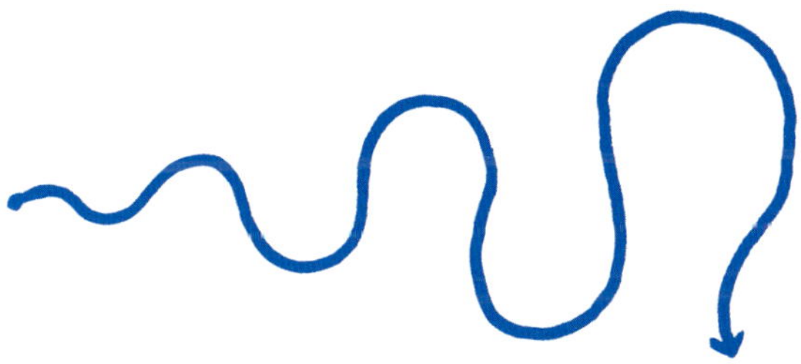

● 흐름이 끊어지지 않게 한다. 장애물을 만나면 사행과 같은 리드미컬한 운동을 계속하게 한다.

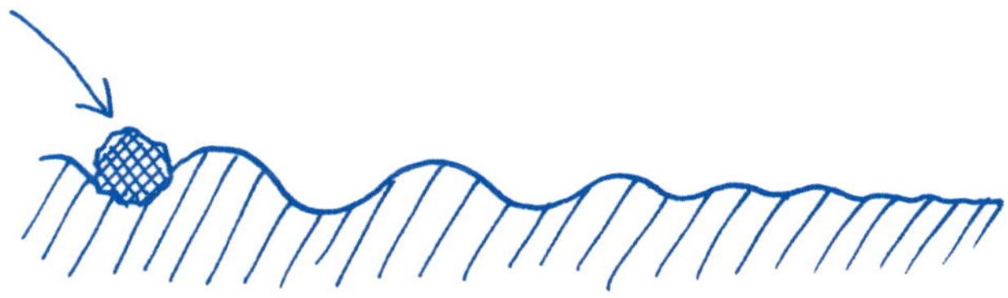

● 평형으로부터 벗어나면 파동이 만들어진다.

● 하나였던 물을 여럿으로 나누어지게 한다. 한데 모였다가 물방울로 갈라지게도 하고 다시 모이게도 한다.

물은 생명의 근본이다

물은 모든 생명 현상과 단순히 관련이 있는 정도가 아니다. 물은 생명을 유지시키는 생명의 근본이다.

물의 구조는 변화한다

물의 구조가 변화할 수 없다면 생명체는 새로운 형태로 진화할 수 없다. 물을 통해 비로소 생명체의 재생과 변태가 일어날 수 있다. 예를 들어 44-47쪽에 나온 고리 모양 소용돌이의 안과 바깥이 바뀌는 것과 같은 구조 변화는 물이기 때문에 가능하다.

새로운 형태를 만든다

물의 흐름이 무한히 자유로운 형태나 패턴을 보일 수 있기 때문에 생명체들은 물의 도움을 받아 자신의 진짜 모습을 만들어 낼 자유로운 공간을 확보할 수 있다.

생명을 유지한다

살아 있는 물체는 돌이나 암석처럼 고정된 형체를 가지지 않는다. 형체를 유지한다고 해도 구성 물질은 계속해서 바뀐다. 물 역시 이런 성질을 가지고 있다. 정지된 파동(예 : 19쪽에 나온 모세관 파), **물 제트**(water jet) 또는 깔때기 모양의 소용돌이(40쪽 참고)가 좋은 예이다. 이런 형태들은 안정된 것이지만 이 형태 안에서도 물은 항상 변화한다.

리드미컬하고, 구조를 가진다

생명체의 주요 특징으로 다양한 생체 리듬을 들 수 있다. 식물은 계절에 따른 리듬을 가지고 있다. 신진대사, 호흡, 심장 박동에서 나타나는 리듬은 인간과 동물 모두에게서 공통적으로 나타난다. 물에 운동을 주면 물은 곧바로 리드미컬한 움직임을 보인다.

완화 기능을 가진다

지구상의 생명체는 일반적으로 물이 만들어주는 온화한 환경 덕분에 생존하고 있다. 예를 들어 대기 중의 수증기는 태양의 강렬한 열기로부터 생명체를 보호할 뿐 아니라 밤에는 열기를 보존해 지구가 너무 식지 않도록 해 준다.

3

물방울 사진법

많은 사람들은 물속에 들어 있는 중금속처럼 좋지 않은 물질의 양만을 측정하여 수질을 평가할 수 있다고 생각하지 않는다. '무엇이 좋은 물이고, 좋은 물을 그렇지 않은 물과 어떻게 구별할 수 있을까?' 라는 질문을 받았을 때 대답하기란 쉽지가 않다. 뚜렷한 기준이 존재하지 않기 때문이다.

1960년대 유동과학 연구소의 설립자인 테오도르 슈벤크(Theodor Schwenk)는 수질을 눈으로 볼 수 있게 해주는 물방울 사진법(drop picture method)을 개발하였다. 이후 연구소에서는 40년 이상 이 방법을 지속적으로 개선하여 사용해 왔다. 물의 흐름을 층흐름(laminar flow)과 **난류**(turbulent flow)의 중간에 있는 민감한 전이 영역에 있도록 하면, 수질을 알려주는 흐름의 패턴을 사진으로 찍을 수 있다. 성분 분석법보다 더 많이 물에 대해 알려줄 수 있는 방법을 찾고자 했던 전문가들 사이에서 물방울 사진법은 근래에 들어와 큰 관심을 끌고 있다.

성분 분석법과는 다른 차원에서 물의 현상을 관찰할 수 있다는 것이 물방울 사진법의 장점이자 새로운 특징이다. 이 방법의 주요 목적 중 하나는 물의 유동성을 관찰하는 것이다. 왜냐하면 물의 유동성이야말로 생명체에 절대 필요한 요소이기 때문이다. 유동성으로 인해 물은 생명체의 변태, 성장, 소멸을 가능하게 한다. 물방울 사진법이 추구하는 목표는 이 외에도 많이 있지만, 가장 중요한 목표는 물을 과학적으로 평가하는 데 있다.

테오도르 슈벤크는 자연을 면밀하게 관찰하여 수질에 의해 물의 운동이 어떻게 달라지는지 알게 되었다. 예를 들어, 물이 오염되면 **표면 장력**(surface tension)이 줄어 진동하는 모세관 파가 감소한다. 이것이 바로 물의 유동성을 수질을 표현하는 수단으로 보는 이유이자 물방울 사진법의 기본 원리이기도 하다. 물방울 사진법은 물의 유동성을 보여준다. 물감을 풀거나 물에 잘 뜨는 물질을 넣지 않으면 물속에서 진행되는 소용돌이들의 복잡한 변화를 눈으로 볼 수 없다. 물방울 사진 실험에서는 적절한 방법을 사용하여 물 흐름의 모양을 눈으로 볼 수 있다. 가장 좋은 방법은 매질의 밀도 차를 음영으로 표시해 주는 특별한 장치로서, 슐리렌 광학법(Schlieren optical method)을 사용하는 것이다.

▲ 양질의 광천수(샘물)

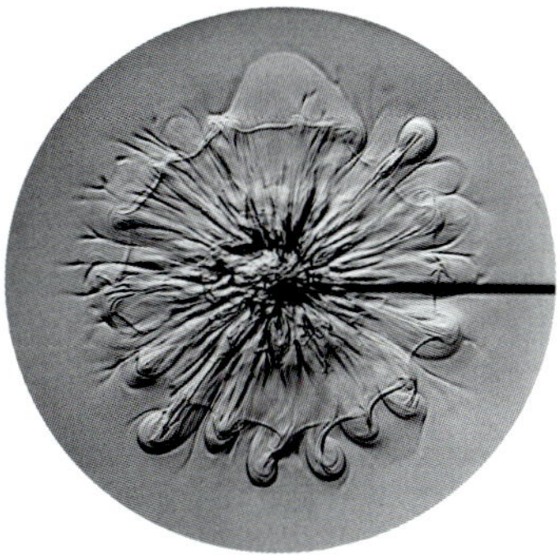

▲ 보통 광천수

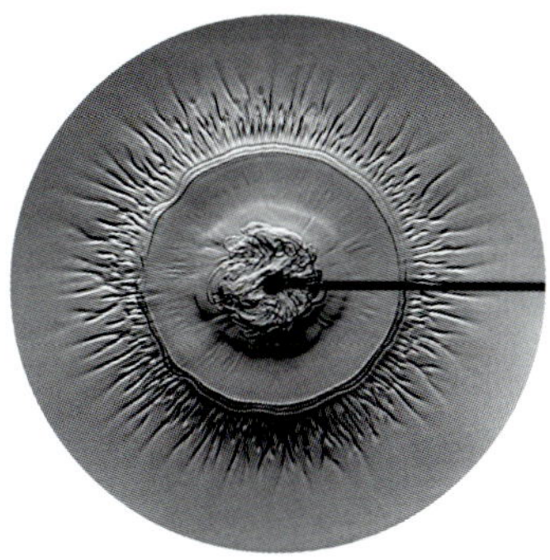

▲ 세제가 섞인 물

물방울 사진 실험

시료로 채취한 물을 준비한 유리 접시 안에 담아 얇은 수막층을 만든다. 그리고 물보다 **점성**(viscosity)이 큰 글리세린을 물 시료에 섞어 물의 흐름을 느리게 한 후 증류수 방울을 시료에 떨어뜨려 물 시료가 운동하게 한다. 시료에 떨어진 물방울과 글리세린에 의해 **슐리렌**(Schlieren) 무늬가 나타난다. 슐리렌은 예를 들면, 뜨거운 난로 위에서 공기가 깜박이면서 올라가거나, 설탕이 물에 녹으면서 물이 가물거리게 보이는 현상을 말한다. 물방울 사진 실험의 경우 글리세린이 물과 불균일하게 섞이기 때문에 슐리렌이 나타난다. 유체의 **밀도**(density)가 균일하지 않으면 어떠한 경우라도 슐리렌 광학법을 사용해 **밀도 기울기**(density gradient) 또는 밀도 경계면의 사진을 찍을 수 있다.

실제로 실험은 첫 번째 물방울이 물 시료에 닿을 때부터 시작된다. 그러나 이 이전에 여러 단계의 준비 과정을 거쳐야 한다. 먼저 실험 장소와 유리 접시를 준비해야 한다. 실험 전에 테스트용 유리 접시를 사용해 예비 실험을 해 보는 것이 좋다. 실험 시작 1시간 전에 접시를 말리고 물 시료와 글리세린을 혼합한다. 모든 단계는 엄격히 표준화되어 있어야 한다.

첫 번째 방울을 떨어뜨린 직후 중앙에 난류 영역이 생긴다. 이것을 중핵(kernel)이라고 부른다. 떨어진 물방울의 경계가 퍼져나가면서 중핵 주위에 원형의 선들이 희미하게 나타난다.

▲ 동일한 방식으로 자극을 주었을 때 나타나는 다양한 흐름 패턴

순수한 물의 경우 두 번째 또는 세 번째 물방울 때부터 물방울의 경계에서 미약하지만 소용돌이가 잠시 생겼다 사라진다. 잇달아 떨어지는 물방울에 의해 소용돌이가 증폭된다. 그리고 열 번째 또는 열네 번째 물방울에 이르면 중핵이 변하기 시작해 경계가 사라진다.

이후 **수상 돌기**(dendrite)가 중핵의 경계에서 나타난다. 수상 돌기는 부분적으로 휘어지고 가지를 치며 물방울 수가 증가할수록 점점 커진다. 따라서 중심에 있는 난류의 중핵, 이 주위의 소용돌이, 그리고 수상 돌기로 성장하는 가장자리 지역을 구분할 수 있다. 특히 소용돌이는 가장 격렬한 성장과 전이를 보인다. 물방울 사진들은 물 시료의 종류에 따라 모두 다른 모양을 하고 있다. 사진 그 자체보다 사진과 사진 사이에 나타나는 패턴의 변화가 우리에게 더 많은 정보를 제공한다.

한편, 사진마다 다른 모습을 보이는 소용돌이를 조사하는 실험 방법도 있다. 이런 실험을 다중 형태 진화(multiformed development) 실험이라고 부른다. 이 실험의 결과는 예측 불가능하므로 비결정적(non-determined) 실험이라고도 부른다. 반면 전체 실험 시간 동안 단일한 모양만 나타나는 실험도 있다. 이 실험을 예측 가능(predictable) 또는 결정적(determined) 실험이라고 부른다.

실험에서 관찰되는 영상은 정적이지 않고 계속 변화한다. 끊임없이 새로운 모양이 생겨났다가 변화하고, 사라진다. 이를 보는 관찰자는 흥분을 느끼게 된다. 카메라는 물방울이 진화하는 과정 중에서 가장 멋진 장면만을 기록하게 된다. 실험자가 실험에 집중하기 위해 관찰을 하면서 계속 기록을 남겨야 한다.

물방울이 진화하는 과정을 담은 사진을 통해 물의 유동성과 개방성이 지닌 진짜 의미 있는 특성을 알아낼 수 있다. 양질의 물 시료로부터 얻은 사진 속의 패턴을 통해 물의 특성을 더 깊이 이해할 수 있으며, 궁극적으로 수질에 대한 정성적인 평가를 내릴 수 있다.

기초적인 물방울 사진 촬영법

물방울 사진법은 표준화된 조건에서 물의 흐름이 만드는 형태를 시각화해 주는 유용한 실험 방법이다.

1. 물 시료가 담긴 유리 접시로부터 10cm 높이만큼 떨어진 곳에 특수 제작한 주삿바늘을 설치하고 5초마다 새로운 증류수 방울을 떨어뜨린다.
2. 바늘에서 떨어져 나온 물방울은 진동 운동을 한다.
3. 13%(질량비)의 글리세린이 섞인 물 시료를 지름 14cm의 편평한 유리 접시 안에 1.1mm 두께로 넣는다.
4. 물 시료에 떨어진 물방울의 충격에 의해 생긴 분화구 모양이 파동을 만들며 전파된다(122쪽 참고).
5. 물방울 사진 접시가 슐리렌 장치 안에 수평으로 놓여 있다. 이 장치는 물/글리세린 혼합물의 밀도가 균일하지 않아 생기는 슐리렌을 눈으로 볼 수 있게 해 준다.
6. 밝고 어두운 무늬가 교차하는 슐리렌이 나타나면 다행이다. 새 물방울이 떨어질 때마다 수면 아래층에서 새로운 모양이 나타난다. 소용돌이, 장미꽃, 화환 모양들은 부분적으로 소멸되는 반면 직선, 방사선, 수상 돌기 모양은 더 느리게 성장하기 때문에 모양이 남는다.

물방울이 물 시료와 충돌하는 동안 물은 안정된 층흐름과 소용돌이치는 난류 상태를 오가며 불안정한 상태에 놓이게 된다. 이로 인해 시료의 수막에 확연한 패턴이 나타난다. 이런 불안정한 상태의 흐름 때문에 물방울 사진은 초기 조건의 아주 작은 차이에도 민감하게 반응한다. 따라서 물 시료를 바꾸면 다른 모양을 가진 물방울 사진을 얻게 된다.

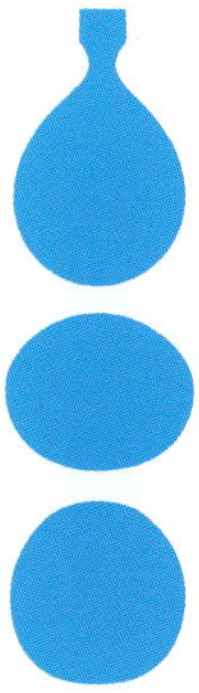

▲ 주삿바늘에서 떨어지는 물방울의 모습

▲ 물방울이 떨어지는 주삿바늘과 물방울 사진 접시

실험 순서

물방울 사진 실험을 시작할 때 모든 것이 평형 상태(정지 상태)에 놓여 있어야 한다. 이것은 의미 있는 실험 결과를 얻기 위한 필수 조건이다. 민감하고 재현 가능한 실험 결과는 실험자의 경험과 훈련, 집중력에 달려 있다.

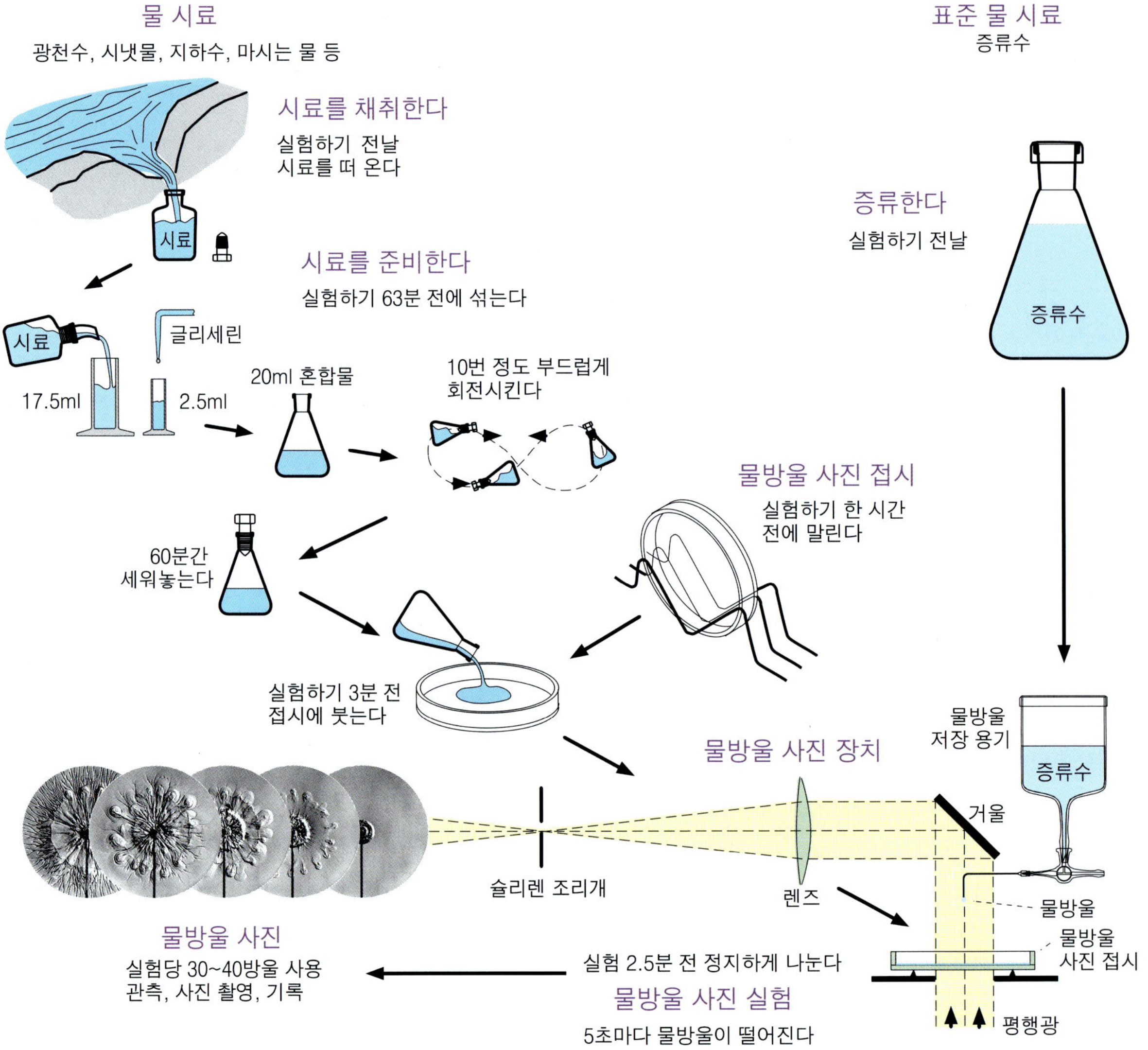

실험자와 관측자

숙련된 물방울 사진법 전문가 없이는 재현성 있는 결과를 얻기 어렵다. 물방울 사진법을 익히는 데는 적어도 3주간의 훈련이 필요하다. 계속해서 물방울 사진법을 이용하려 한다면 훈련 과정을 거칠 가치가 충분히 있다.

물방울 사진법이 성공을 거두려면 사전 준비가 많이 필요하다.

유리의 청결함

유리 접시에 남은 극소량의 먼지나 약간의 세제 자국조차 실험 결과에 영향을 미칠 수 있다. 그러므로 장치를 청결하게 하는 것이 특히 중요하며, 청결을 위해 개발한 특수 방법을 사용해야 한다.

물방울 사진 접시

접시를 약간 기울여 물이 접시면을 잘 적시게 하면 얇은 수막이 만들어진다. 유리 접시의 면이 울퉁불퉁하면 수막에서 무지개색이 보인다. 유리면 위의 미묘한 수막 두께의 차이가 이런 현상의 원인이다. 무지개색이 나타나지 않는 유리 접시를 골라 사용해야 한다.

표준 물 시료

시료의 물방울 사진을 해석하려면 표준 물방울 사진이 필요하다. 유동과학 연구소 근처의 화강암 샘에서 얻은 광천수에 수질이 거의 일정한 증류수 방울을 떨어뜨려 얻은 사진을 표준 물방울 사진으로 정하고, 시료의 물방울 사진을 표준 물방울 사진과 비교한다.

글리세린

조사할 물 시료에 섞을 글리세린은 순도 100%에 가까운 품질이 좋은 것을 사용해야 한다. 그래야 물 시료의 특성을 변화시키지 않는다.

물방울의 크기

질량이 15.53mg 정도인 물방울을 일정한 높이에서 떨어뜨려 물 시료와 충돌시킨다.

시료

특별 검사를 마친 병 안에 물 시료를 지시한 대로 담는다. 민감한 시료인 경우 채집하자마자 실험을 해야 한다.

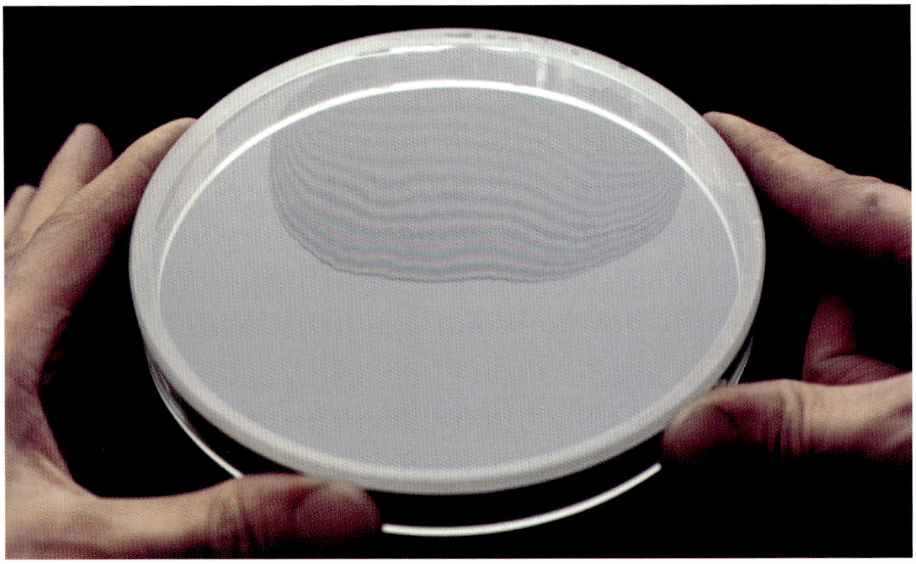

▲ 물방울 사진 접시를 건조할 때 아래에서 본 모습

물방울 사진을 찍기 위한 슐리렌 장치

물방울 사진 장치는 시료가 흘러갈 수 있게 하는 부분과 흐름을 시각화하는 부분으로 구성되어 있다. 물방울을 떨어뜨려 접시에 있는 물 시료와 충돌시키면 흐름을 만들 수 있다. 그리고 퇴플러(Töpler)의 슐리렌 광학법으로 흐름을 눈으로 볼 수 있게 한다. 시료에 섞인 글리세린으로 인해 흐름을 눈으로 볼 수 있다.

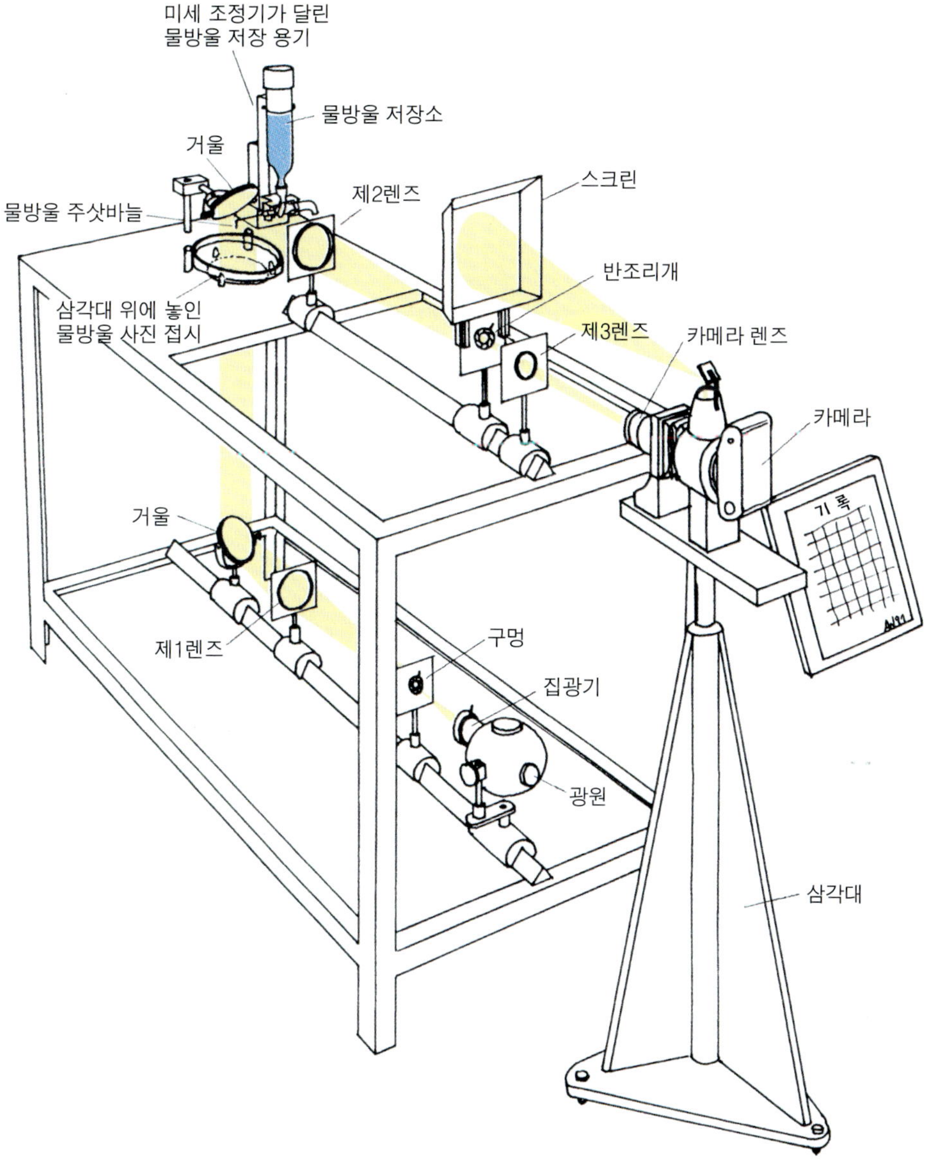
미세 조정기가 달린
물방울 저장 용기
물방울 저장소
거울
물방울 주삿바늘
제2렌즈
스크린
반조리개
삼각대 위에 놓인
물방울 사진 접시
제3렌즈
카메라 렌즈
카메라
기 록
거울
제1렌즈
구멍
집광기
광원
삼각대

▲ 슐리렌 장치

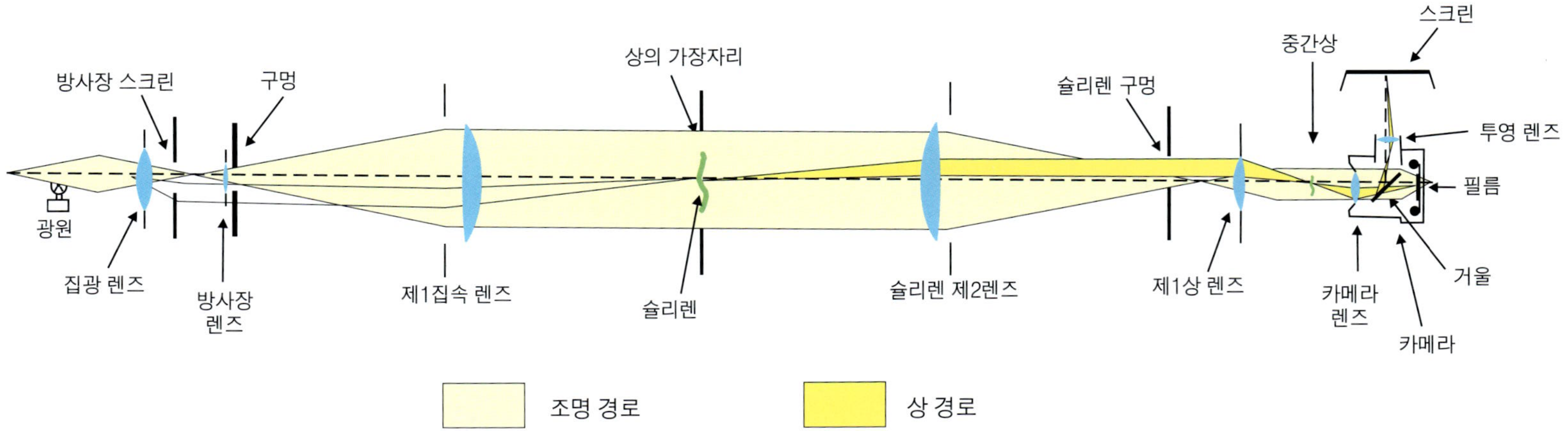

▲ 슐리렌 장치의 조명 경로 및 상 경로

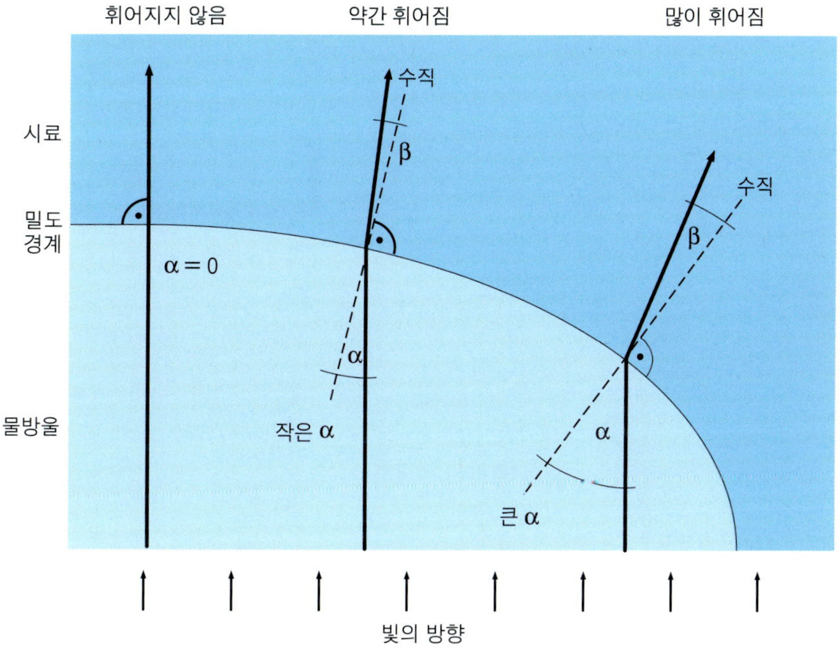

▲ 다른 입사각으로 입사된 빛은 밀도 경계면(물질 경계면)에서 다른 각도로 휘어지거나 또는 굴절된다.

물방울 사진 표준 실험

순수한 물을 가지고 표준 실험을 한다. 70–73쪽에 1~47번째 물방울 사진의 확대된 모습이 실려 있다.

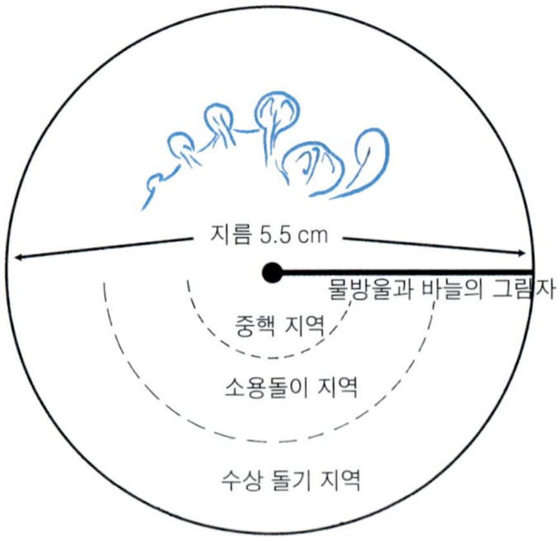

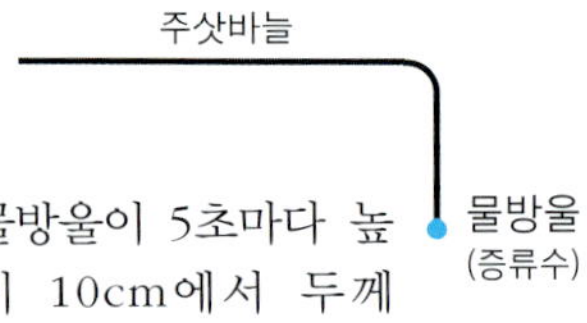

물방울이 5초마다 높이 10cm에서 두께 1.1mm의, 13% 글리세린이 섞인 물 시료의 얇은 막 위로 떨어진다.

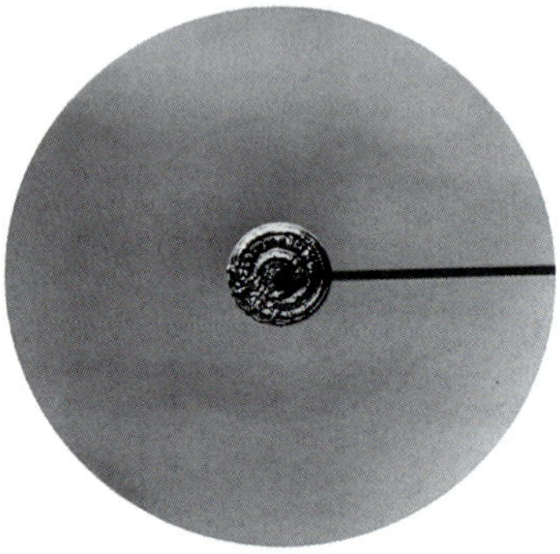

첫 증류수 방울이 떨어진 지 2초 후. 얇게 퍼진 막이 희미하게 보인다.

1번째 방울

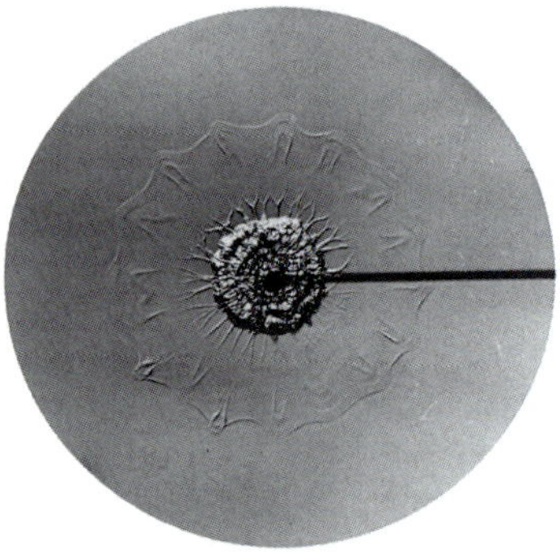

소용돌이가 만들어질 조짐이 최초로 나타난다.

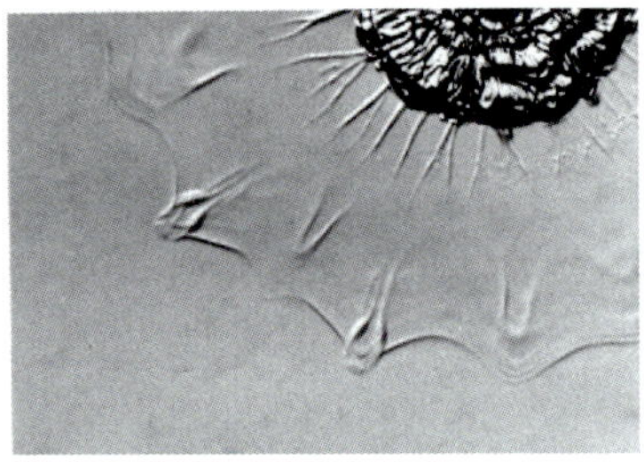

2번째 방울

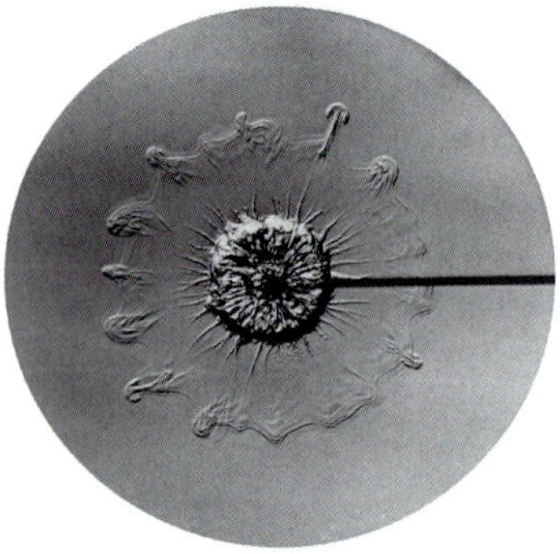

물방울이 더 떨어짐에 따라 흐름이 분화되는 것을 볼 수 있다.

3번째 방울

4번째
방울

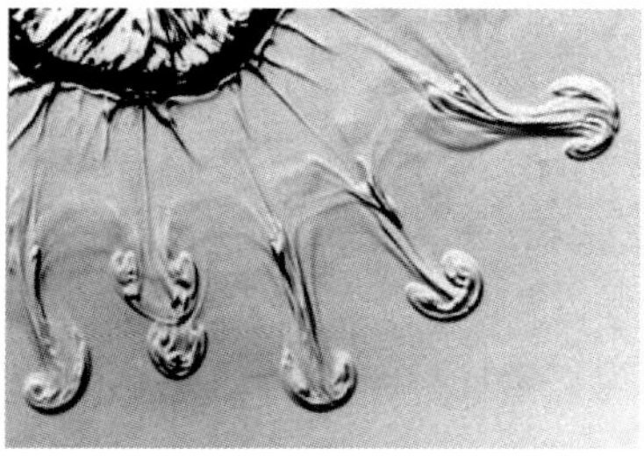

소용돌이 머리에 가지가 붙어 있는 1차 소용돌이가 생긴다.

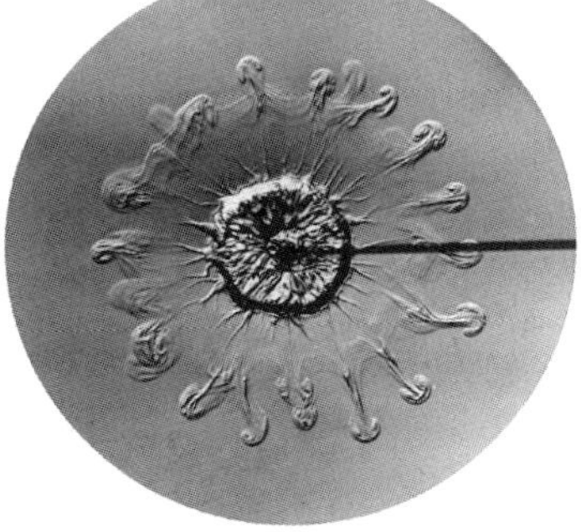

5번째
방울

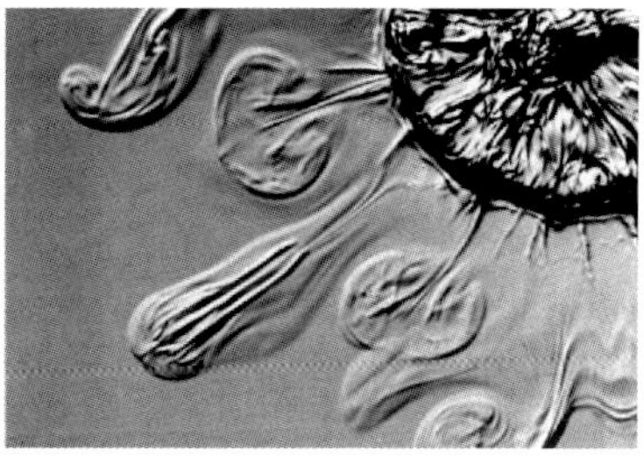

중핵에서 나온 넓은 2차 소용돌이들이 1차 소용돌이들과 함께 나타난다

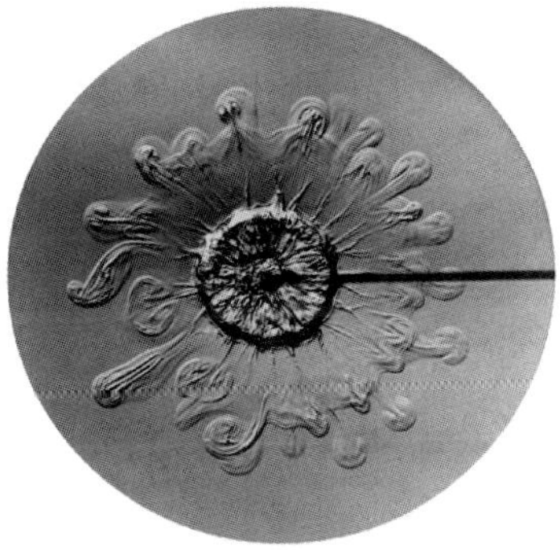

8번째
방울

소용돌이 흔적만이 남은 파면이 화환 모양을 만든다.

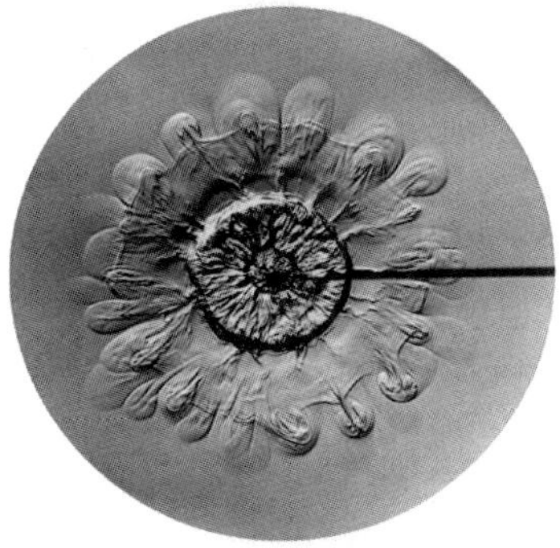

11번째
방울

중핵 지역의 경계가 분명하게 드러난다.

중핵이 사라지고 경계가 더 이상 분명하지 않다.

14번째 방울

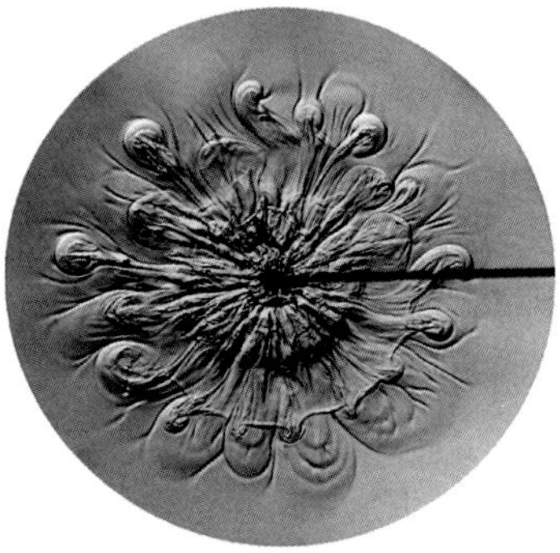

선 구조가 나타나서 가지치기를 시작한다.

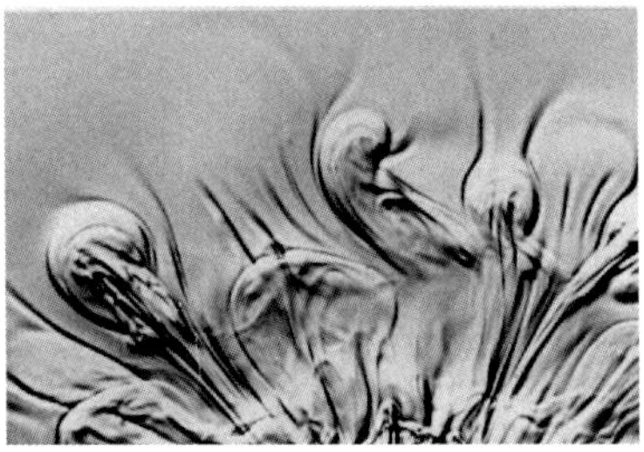

17번째 방울

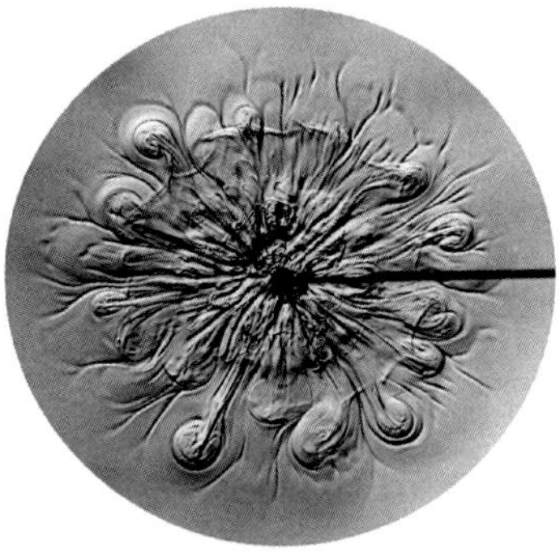

소용돌이 모양

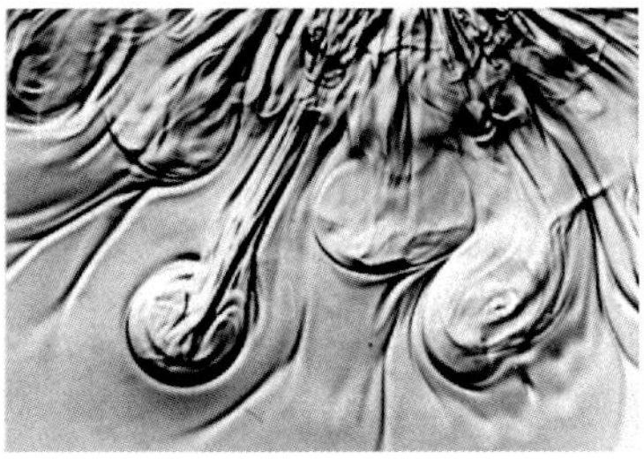

20번째 방울

물방울마다 새로운 모양이 나타나는 다중 형태 상태에 이른다. 즉, 많은 소용돌이가 나타났다가 다음 사진에서는 거의 사라진다.

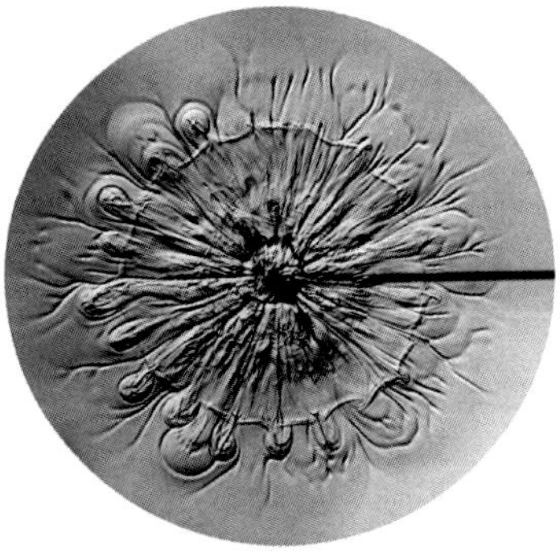

화환 모양

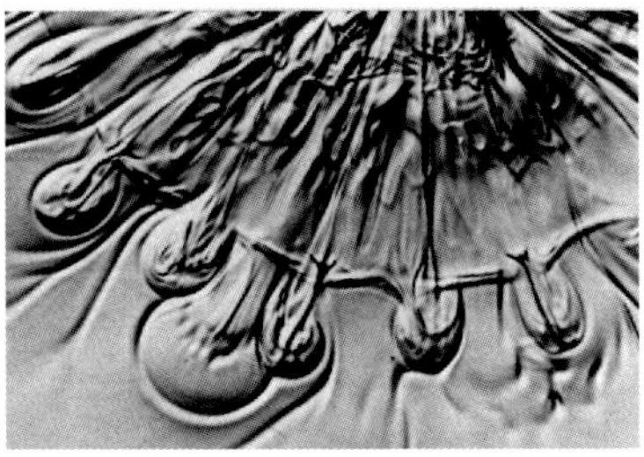

21번째 방울

25번째
방울

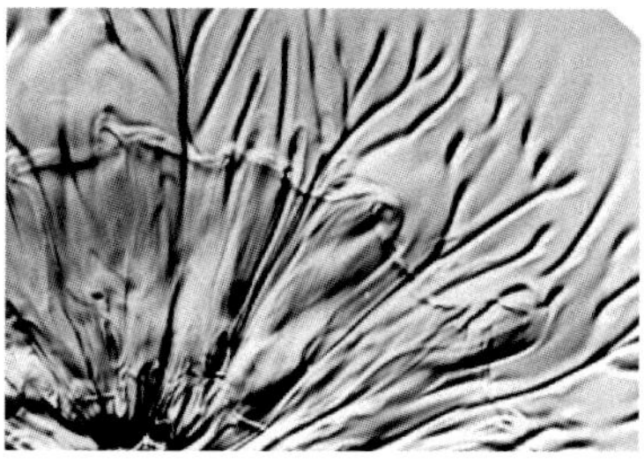

중핵 및 소용돌이 지역에 수상 돌기라 부르는 선 모양이 나타난다.

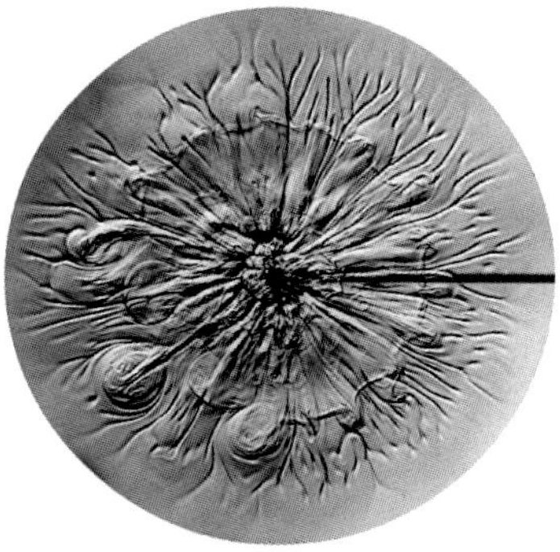

30번째
방울

중핵의 경계가 사라진다.

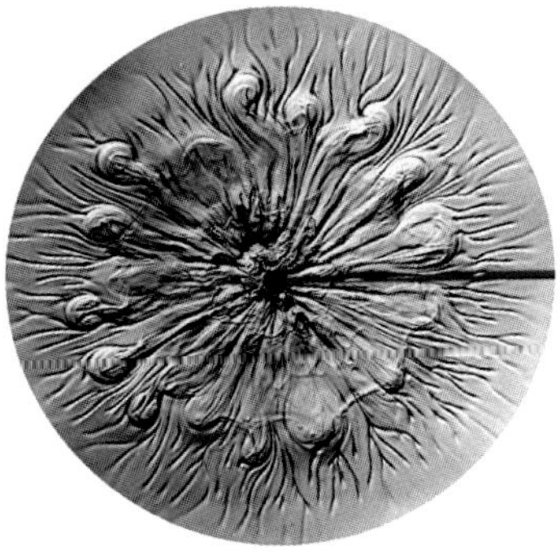

40번째
방울

수상 돌기 지역이 최대로 발달되어 있다.

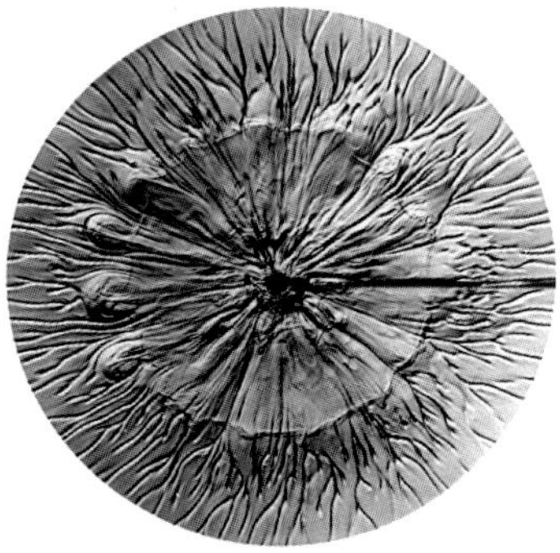

47번째
방울

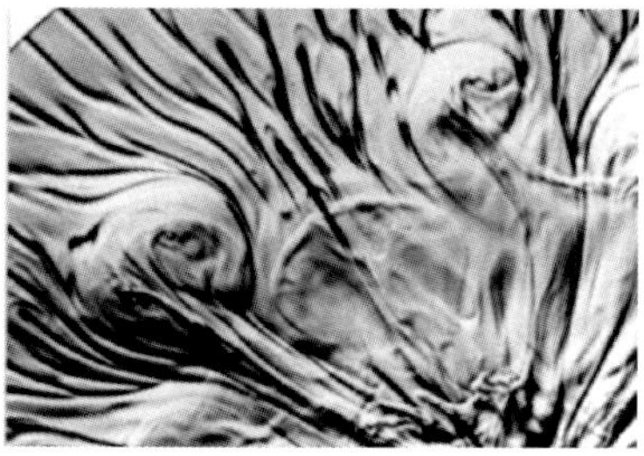

수상 돌기가 우세한 가운데 여전히 강하게 발달된 소용돌이들이 존재하지만 점차 빠르게 소멸되기 시작한다.

5번째 9번째 13번째

다중 형태

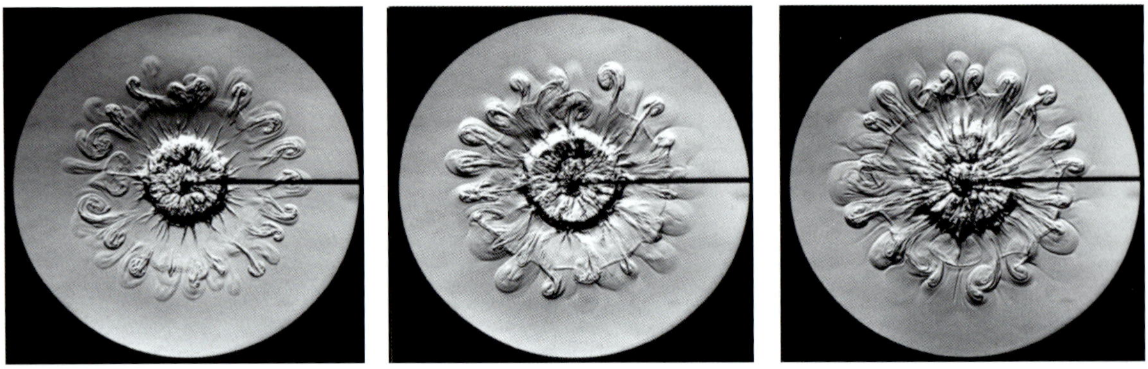

▲ 물방울이 떨어질 때마다 1차 소용돌이, 2차 소용돌이, 화환 모양들이 불규칙하게 나타난다. 소용돌이들이 커졌다 작아졌다 하고 수상 돌기 사이에 퍼져 있기도 한다.

단엽 모양

▲ 길고 단순한 모양을 가진 유사한 소용돌이들이 많이 생긴다. 중핵 지역의 경계가 불분명하다. 17번째 물방울에서 폭이 좁고 단순한 모양의 소용돌이들이 합쳐져 소용돌이 화환이 생긴다. 새로운 모양이 더 이상 나타나지 않고 대신 선 구조가 우세해진다.

17번째

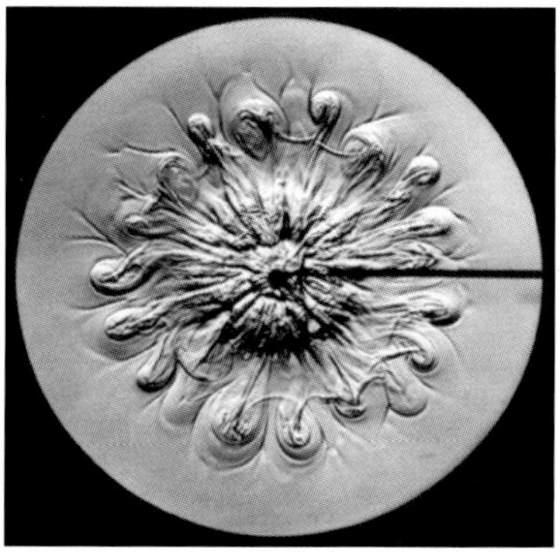

23번째

30번째 방울

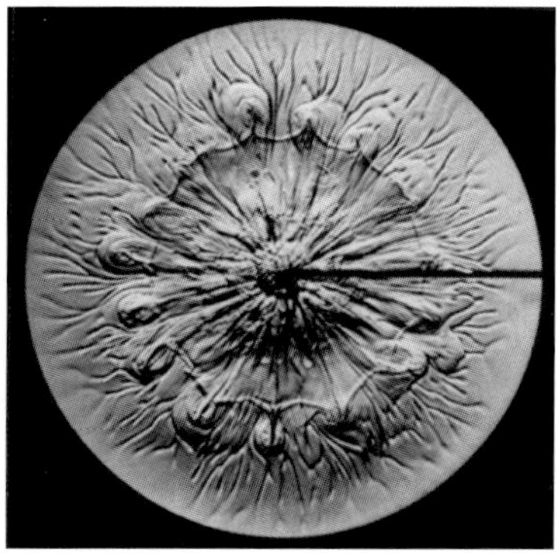

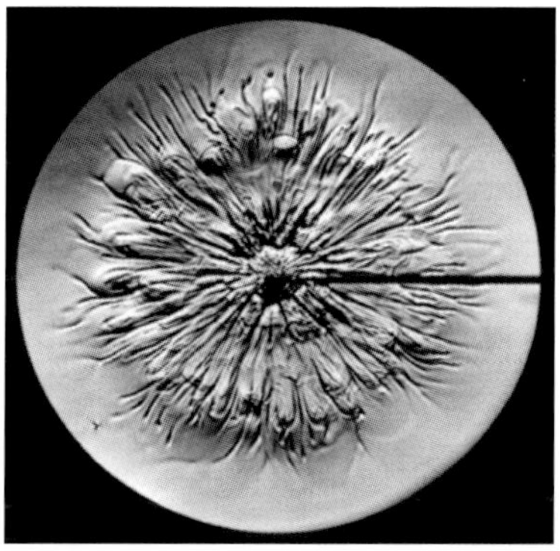

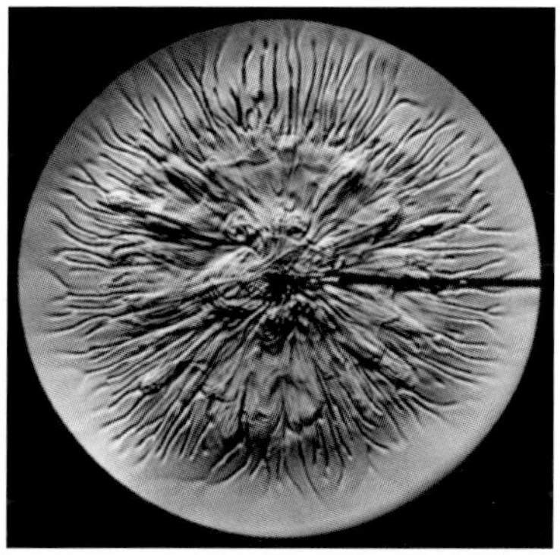

5번째 9번째 13번째

방사선 고리 모양

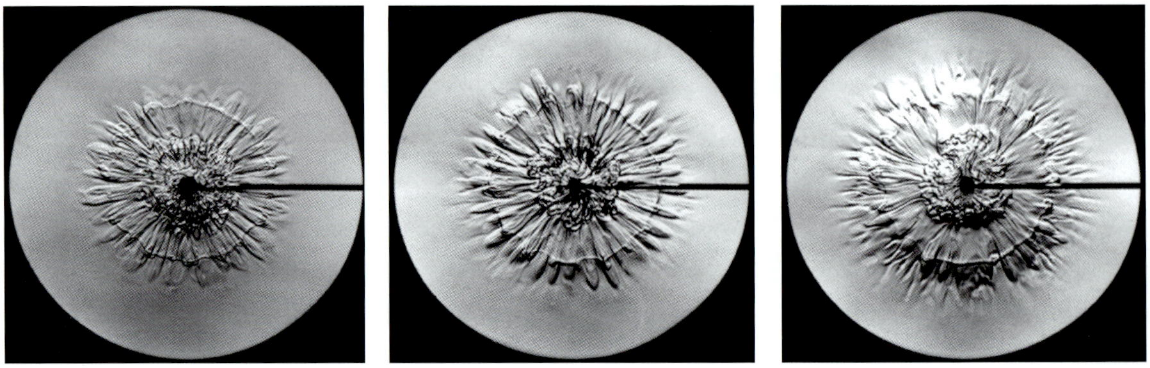

▲ 물방울이 퍼져나가 고리를 만든다. 고리는 방사선 구조와 함께 섞여 있다. 고리 안쪽 지역의 형태가 점점 더 사라진다. 방사선이 고리를 지나 사진 가장 자리까지 자라지만 모양이 더 이상 변화하지 않는다.

원판 모양

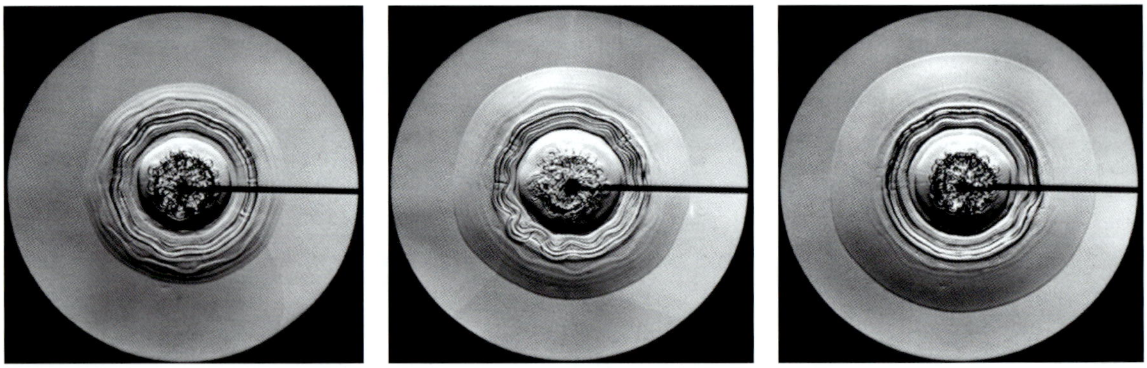

▲ 소용돌이 없이 물방울이 원판 모양으로 퍼져나간다. 초기의 모양이 변화하지 않는다. 원판의 크기가 커지는 것 이외에 다른 변화가 나타나지 않는다.

17번째

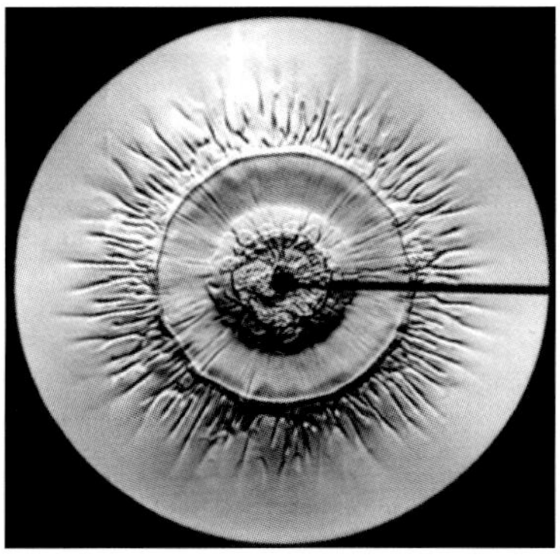

23번째

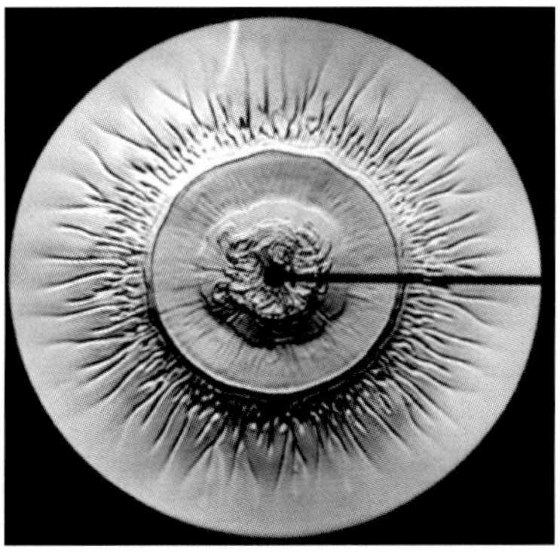

30번째 방울

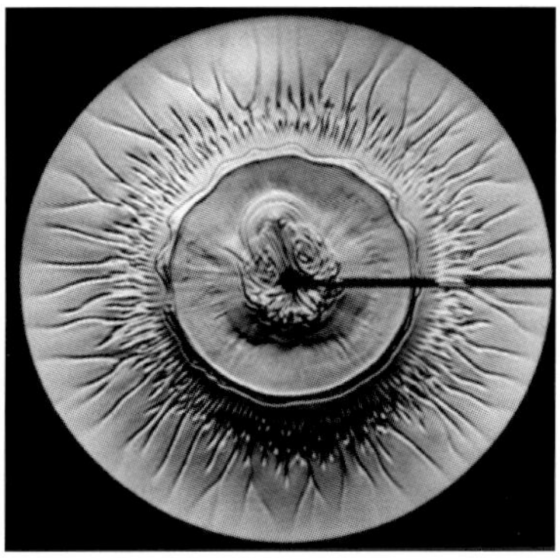

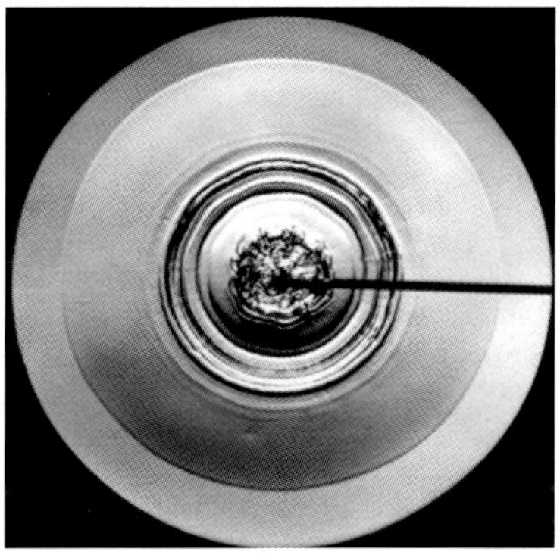

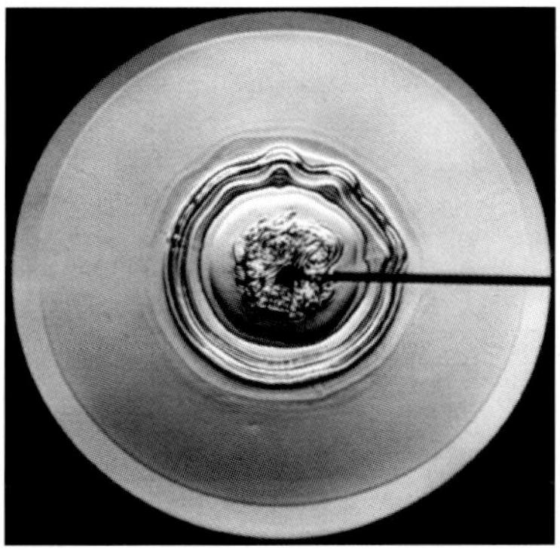

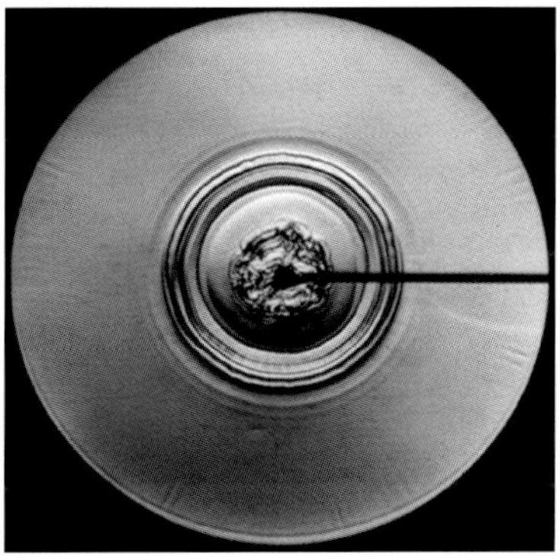

물방울 사진에서 나올 수 있는 모양

74–77쪽 사진들에서 알 수 있듯이 단 한 장의 사진이 아닌, 일련의 사진에 나타난 흐름 변화로부터 시료인 물의 재생력에 관한 정보를 얻을 수 있다. 사진에 담긴 패턴의 개방성, 억제력, 예측 가능성 등을 고려하면 물의 재생력을 알 수 있다.

물방울의 충격력과 막의 두께

떨어지는 물방울 때문에 흐름이 생긴다. 물방울이 떨어지는 동안 물방울은 진동 운동을 한다(110쪽 참고). 떨어지는 높이가 다르면 물방울 모양이 달라져 시료의 흐름 모양 역시 달라진다.

10.15cm 높이에서 떨어뜨리면 진동하는 물방울의 아래 부분이 구형에서 크게 벗어나 있지 않아 다중 형태의 흐름 패턴이 나타난다. 10.5cm 높이에서 떨어뜨릴 경우 물방울이 조금 편평해진다. 그 결과 데이지꽃 모양의 소용돌이 화환 형태가 실험 내내 서서히 나타난다. 10.8cm 높이에서 떨어뜨릴 경우 물방울이 더욱 왜곡되게 되어, 중핵과 소용돌이가 크게 일그러져 있다. 많은 리드미컬한 장미꽃 모양이 실험 내내 서서히 나타난다.

사진 접시에 담긴 물 시료 층은 흐름 모양이 자랄 수 있는 자유로운 공간이 된다. 층의 두께가 두꺼워지면 물방울이 주로 수직 방향으로 퍼져나간다. 가장자리에는 작은 수의 소용돌이만이 생긴다. 표준 조건에서는 소용돌이가 가장자리로 신속히 퍼져나갈 수 있을 뿐 아니라 소용돌이와 수상 돌기가 균형 있게 성장한다. 층의 두께가 너무 얇을 경우 소용돌이가 생길 공간이 부족하다. 물방울이 가장자리로 느리게 분산되기 때문에 방사선 모양이 나타난다.

물방울이 떨어지는 높이가 다를 때

9번째 20번째

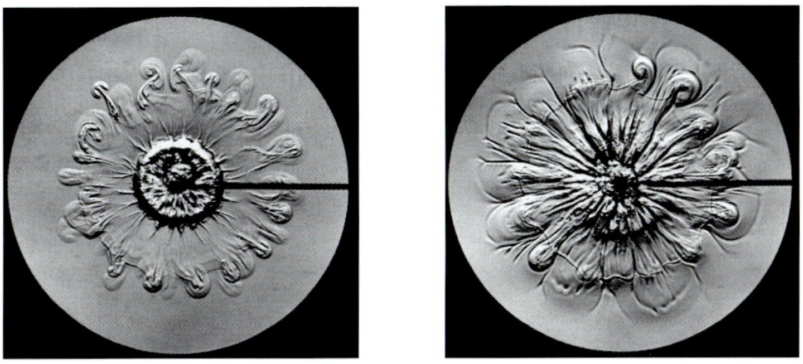

▲ 표준 높이 10.15cm

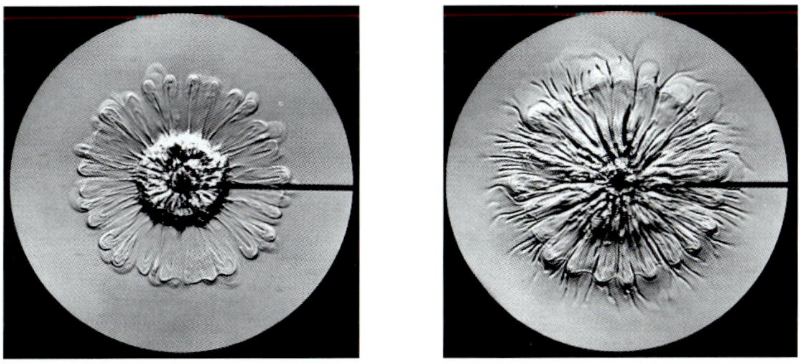

▲ 높이 10.5cm

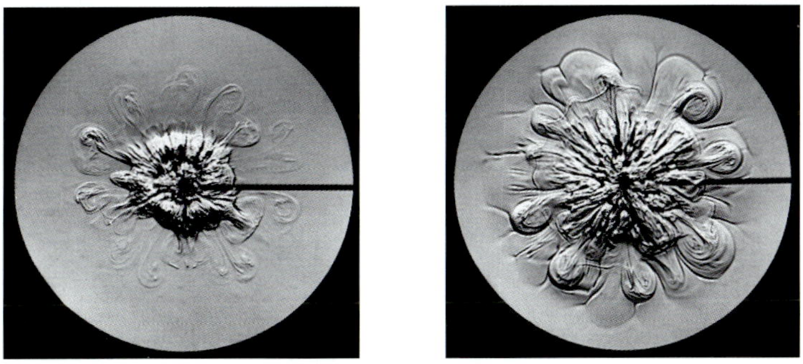

▲ 높이 10.8cm

(높이=바늘 끝에서 접시 바닥까지의 거리)

물 시료 막의 두께가 다를 때

5번째 17번째

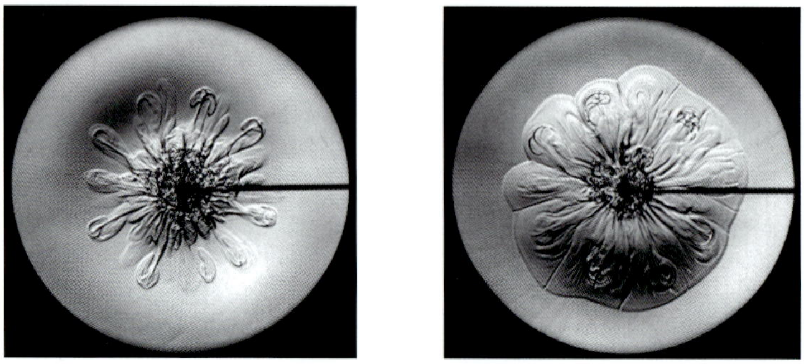

▲ 표준 시료 부피의 2배

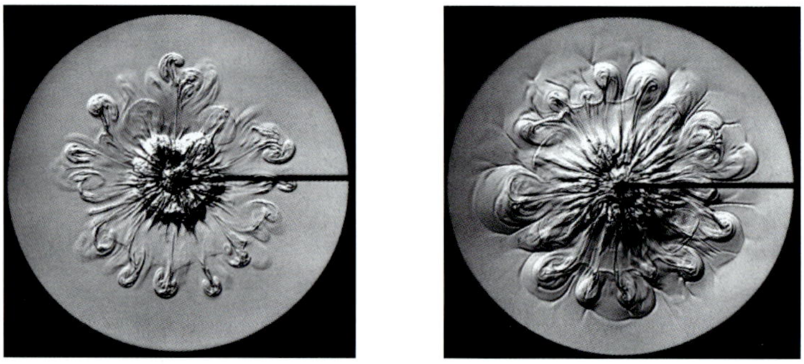

▲ 표준 시료 부피

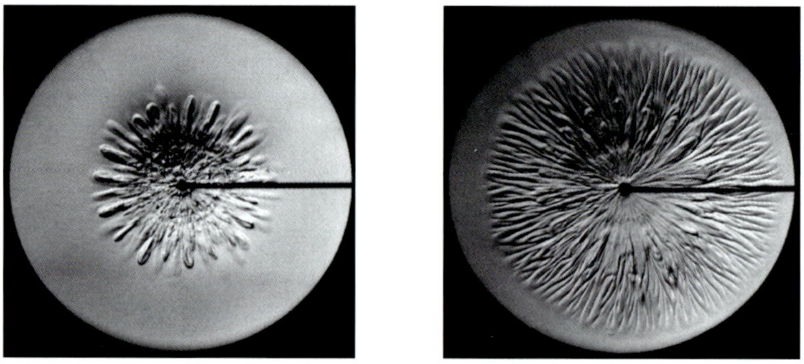

▲ 표준 시료 부피의 절반
(모든 실험에서 글리세린은 표준 농도를 사용하였다.)

밀도와 점성 : 유체의 동역학적 매개변수(parameter)

시료가 가진 물리적인 속성들의 상관관계를 흐름 사진을 통해 이해할 수 있다. 특정한 물질을 물에 녹이면 일반적으로 밀도나 점성과 같은 물리적 속성이 달라진다. 물보다 밀도가 큰 소금을 녹여 밀도를 증가시킨 물과 글리세린을 섞어 점성을 높인 물의 사진을 보면 밀도와 점성이 유체 흐름에 큰 영향을 미친다는 것을 알 수 있다.

글리세린의 양을 절반으로 줄이면 소용돌이가 어렵지 않게 생성된다. 하지만 글리세린의 양을 두 배로 늘리면 흐름이 방해를 받아 소용돌이가 생기지 않는다. 시료 용액의 밀도를 증가시키면 흐름이 더 이상 퍼져나가지 못하고 부풀어 오른 모양의 사진을 얻을 수 있다.

실험 조건에 매우 민감하면서 예측 가능한 사진을 얻기 위해서는 실험에 가장 이상적인 물리적 조건들을 찾아야 하며, 실험할 때 이 조건들을 잘 유지해야 한다.

점성이 다를 때

5번째 20번째

▲ 절반의 글리세린 : 낮은 점성

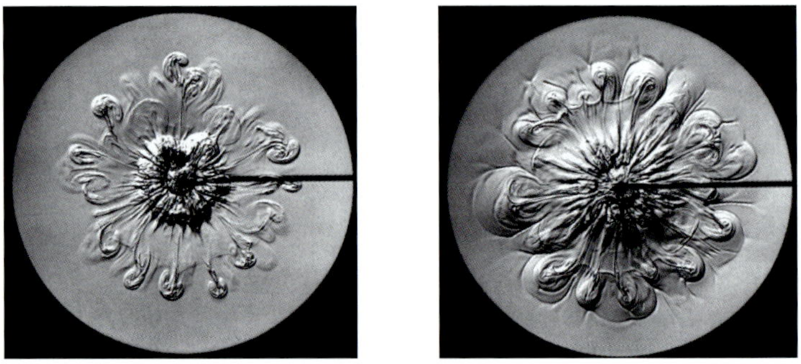

▲ 표준 비율의 글리세린/물

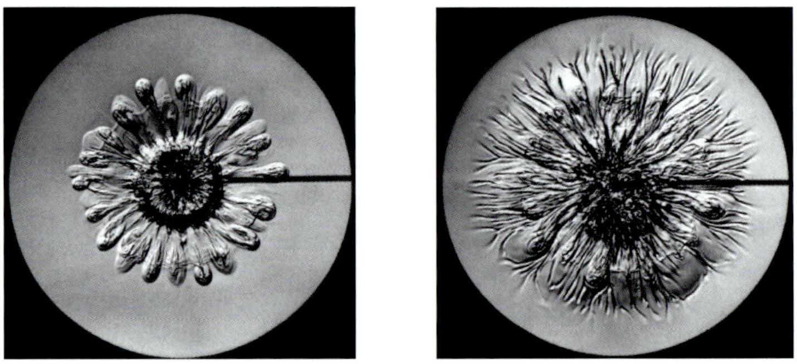

▲ 두 배의 글리세린: 높은 점성

밀도가 다를 때

5번째 20번째

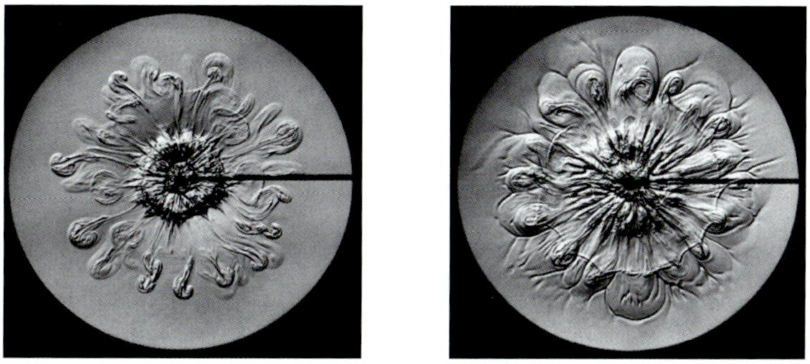

▲ 순수한 물 : 낮은 밀도

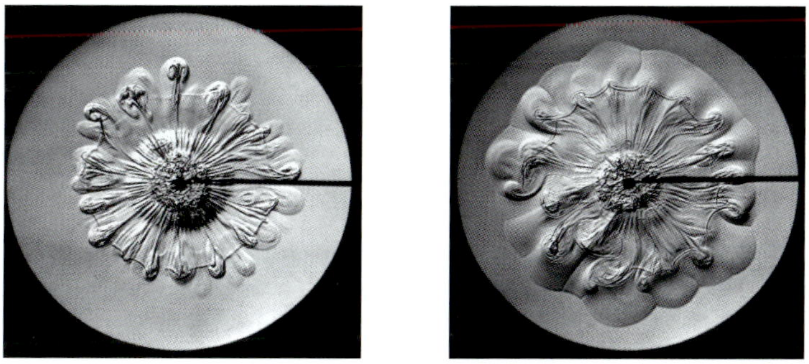

▲ 소금을 3% 첨가한 물 : 중간 밀도

▲ 소금을 10% 첨가한 물 : 최고 밀도

4

물방울 사진법을 사용해 얻은 연구 결과

물에 녹아 있는 성분과의 관계

물방울 사진에 찍힌 흐름의 패턴은 물에 녹아 있는 성분의 영향을 받는다. 이것은 성분의 화학적인 성질보다는 성분의 농도 및 흐름과 관련된 특성 때문이다. 이런 특성으로 주로 점성, 밀도, 표면 장력을 들 수 있는데, 이 특성들은 따로따로 작용하지 않고 총체적으로 흐름에 영향을 미친다. 그러므로 물방울 사진의 결과는 화학적 분석이나 미생물학적 분석 결과와는 전혀 관계가 없다. 동일한 이유로 물속에 녹아 있는 미량의 미네랄과도 관계가 없다. 반면 유기물은 미네랄보다 흐름에 좀 더 큰 영향을 미쳐 흐름의 모양을 바꾸기도 한다. 그리고 성분의 농도가 커져 밀도나 점성이 증가하면 물방울 사진에 영향을 미친다. 점성과 밀도 다음으로 중요한 것이 표면 장력으로, 이 또한 물방울 사진에 많은 영향을 줄 수 있다.

마시는 물

마시는 물을 사용한 수많은 물방울 사진 실험에서 오염되지 않은 순수한 천연 지하수나 광천수는 다중 형태의 흐름을 보여주었다. 이런 유동성은 오염된 천연의 물을 위생 처리한 수돗물에서는 관측되지 않았다(95-97쪽 참고). 수돗물의 물방울 사진은 어떤 리드미컬한 형태도 보여주지 않았고 가지치기도 하지 못했다. 현재 중앙유럽 지역의 물에서는 단엽 모양의 사진을 주로 보게 된다. 하지만 1960년대에는 같은 물에서 방사선 모양, 고리 모양, 원판 모양들도 관측되었다. 이것은 지난 40년간 이 지역 사람들이 마시는 수돗물의 수질이 좋아졌다는 것을 의미한다. 성분 분석법의 보완으로 물방울 사진법을 사용하여 마시는 물이 어느 정도 독일의 마시는 물에 대한 표준 지침(DIN 2000)을 만족하는지 조사할 수 있고, 유동성과 관련된 특성을 확인할 수 있다. 표준적인 분석법은 단지 불필요한 성분의 유무만을 고려하지만, 물방울 사진법을 통해 물의 흐름을 확인하면 지침에 제시된 마시는 물의 수질 기준을 얼마만큼 만족하는지 알 수 있다. 이로써 흐름 모양으로 알아낸 물의 유동성을 수질을 평가하는 독립적인 하나의 요소로 볼 수 있다. 그러므로 물방울 사진법은 위생학적 분석과 성분 분석을 보완하는 방법으로, 수질을 하나의 총체적인 개념으로 보는 데 기여한다.

다단계의 생물학적 정수 과정(예를 들어 모래나 숲의 흙 속으로 물이 침투하거나 솟아나는 과정, 생물학적인 여과 과정 등)을 거쳐 정화된 물은 다중 형태의 물방울 사진을 보인다. 이와 유사하게 모래를 통해 정화된 지하수 역시 최상의 수질을 가졌음을 물방울 사진을 통해 확인하였다.

수도관과 물 저장탱크의 재질이 수돗물의 유동성에 영향을 줄 수도 있다. 물방울 사진을 보면 합성수지로 만든 파이프나 용기도 흐름에 방해를 주고 있음을 알 수 있다. 특히 온수의 경우 이런 경향이 더 잘 드러난다(103쪽 참고).

물방울 사진법은 특히 세제와 같은 **계면 활성제**(surfactant)에 민감하게 반응한다(104-105쪽 참고). 그러나 순수한 물속에 들어있는 칼슘의 양은 물의 유동성에 그리 영향을 주지 않는다.

지표수

우리의 연구 가운데 하나는 맥주 양조장에서 흘러나온 폐수가 하천을 따라 8km 거리를 지나면서 스스로 얼마나 정화를 시키는지 조사하는 것이었다(98-101쪽 참고). 아마 이 연구의 가장 중요한 것은 수질을 판정하는 화학적 분석법과 생물학적 분석법을 물방울 사진법과 비교할 수 있었다는 점일 것이다. 공장 폐수를 흘리기 전 강물은 수상 돌기가 발달된 다중 형태의 물방울 사진을 보여주었다. 폐수를 버린 직후의 물방울 사진은 사진을 찍는 동안 내내 동심원 모양만을 보여주었다. 그러나 8km를 흘러간 후 물은 다시 오염되기 전의 원래 모습을 보여주었다.

자정 구간을 거친 물은 화학 성분이 달라졌음에도 불구하고 원래의 오염되지 않은 물과 유사한 모양을 보였다. 이는 유기 오염 물질들이 미생물과 작은 생명체들에 의해 미네랄로 변했음을 의미한다. 하천에서 자연 순환 과정을 거쳐 물이 새 생명력을 얻었음을 알 수 있다. 물방울 사진은 이런 일이 일어났음을 증명해 주고 있다.

자정 지역에서 일어나는 여러 과정에 관여하는 생명체들을 물방울 사진과 비교해 보면 대응 관계를 찾아낼 수 있다. 오염이 가장 심한 지역에서는 특정 형태가 반복적으로 나타나는 구조를 가진 벌레들이 발견된다. 이들 생명체의 종의 수는 많지 않지만 개체 밀도는 비교적 높다. 이곳에서 채취한 물 시료의 물방울 사진은 단조로운 일련의 동심원들만을 보여준다. 자정 지역을 따라 내려가면 앞서의 생명체들이 점점 사라지고 새로운 종들이 나타난다. 이들은 좀 더 분화된 몸을 가지고 있으며, 이곳의 물방울 사진 역시 생명체의 형태와 유사한 경향을 보여준다. 사진 속 흐름의 패턴이 더 다양해지고 실험을 하는 동안 계속 다른 패턴이 나타난다.

물방울 사진 실험은 물을 구성하고 있는 성분들의 총체적인 기능을 보여준다. 각 성분들의 핵심적인 특징만을 드러내 주는 통합을 통해 물은 새로운 단계의 경지에 이른다. 이 단계는 구성 성분의 성질을 뛰어넘는 단계이며, 물이 일으키는 모든 현상의 기본이 된다. 총체적인 접근을 통해 우리는 어떻게 특정 생명체가 수질에 따라 다른 다양한 형태를 가질 수 있는지, 어떻게 이와 같은 일이 가능한지 이해할 수 있다.

물방울 사진의 평가와 판정

물방울 사진법은 자연이 가진 특정한 차원을 보여준다. 이 방법은 통합적인 방법이지만 모든 것을 포함하고 있다는 것과 혼동해서는 안 된다. 물방울 사진 실험에서 특정한 사실을 알아내려면 집중적인 훈련을 통해 사실을 관측할 수 있는 특별한 방법을 찾아내야 한다. 이런 노고가 있어야 평가 기준을 마련할 수 있다. 생명체의 관점에서 볼 때 물의 유동성이 생명 유지에 중요한 요소라는 것을 물방울 사진을 통해 알수 있다. 이를 근거로 유동성을 수질을 평가하는 하나의 기준으로 삼을 수가 있다.

유동성이 발달하는 과정을 결정하고 이를 더욱 정확히 정량화하기 위해 소용돌이 구조의 변화를 그 척도로 사용하는 물방울 사진 형태학(morphology)이 개발되었다. 소용돌이 패턴의 정량화는 시료들의 작은 차이를 구별할 수 있게 한다. 현재까지 이 방법은 다른 많은 평가 방법 중의 하나에 지나지 않지만, 그래도 마시기 좋은 물인지 아닌지를 가리는 가장 중요한 수단이 되고 있다.

소용돌이 패턴의 정량화 방법은 다음과 같다. 먼저 다음의 그림처럼 물방울 사진에 나타나는 대표적인 소용돌이 모양을 발달 순서대로 그린다. 여기서 각 점수는 발달 단계를 표시한다. 그러고 나서 물방울 사진 실험을 평가할 때 각 사진에 찍힌 소용돌이 모양이 어느 발달 단계에 해당되는지 결정하고 이를 점수로 변환한 후 그래프로 표시한다. 그래프에서 수직축은 발달 단계별 점수(0에서 5까지)를, 수평축은 물방울 번호(2에서 40까지)를 표시한다. 이렇게 작성된 그래프는 시료가 언제 다양한 소용돌이 패턴을 보이는지 알 수 있게 한다.

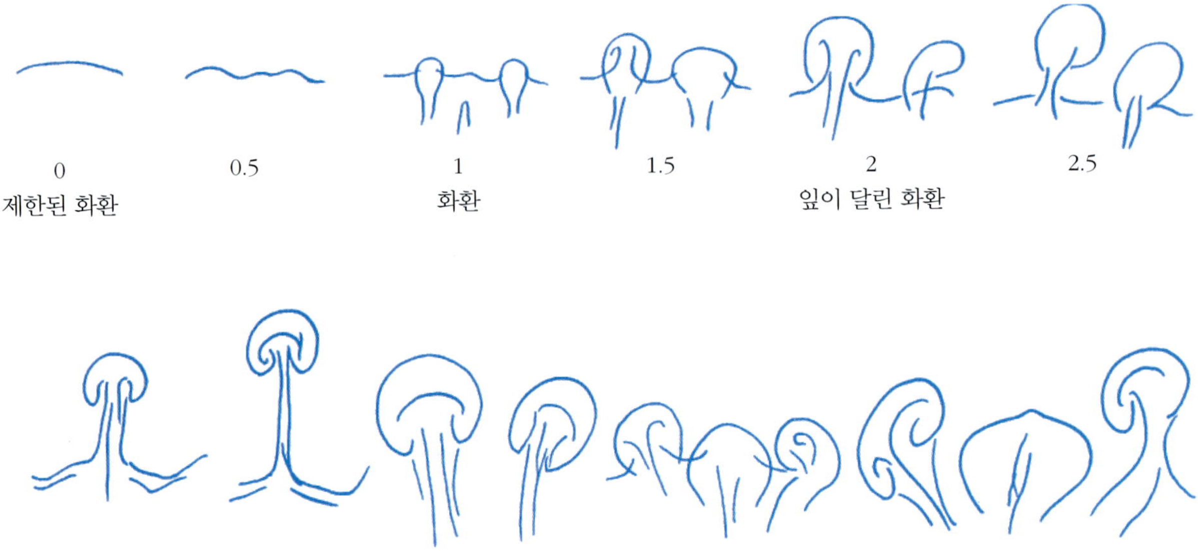

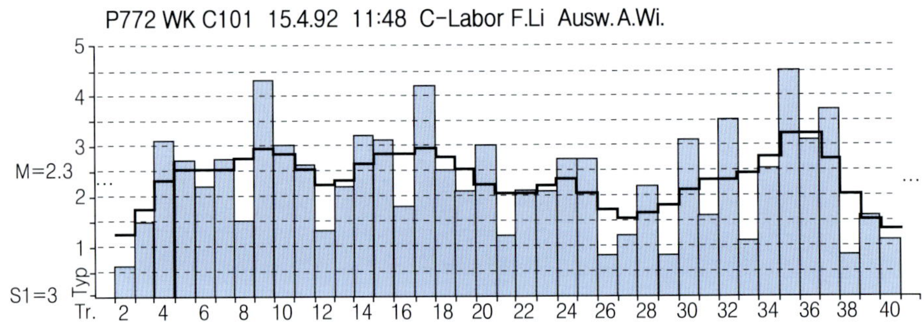

▲ 70–73쪽에 있는 표준 물방울 사진 실험의 정량적 평가를 위해 만든 그래프. 막대 길이의 증가 및 감소는 실험하는 동안 소용돌이 모양이 어떻게 달라지는지를 보여준다. 위 그래프를 보면 소용돌이 모양이 크게 변화하는 것을 알 수 있다. 막대 그래프 위의 진한 선은 연속한 세 값의 평균값을 의미한다.

물방울 사진법에 대한 추가 설명

물방울 사진법은 물 흐름에서 나타나는 패턴에 관한 기초 연구를 위한 실험 도구일 뿐 아니라 수질의 미묘한 차이를 구별할 수 있는 응용 연구를 위한 도구이기도 하다. 이 방법의 신뢰성을 높이려면 수많은 조건들을 이해하고 이를 평가에 고려해야 한다. 그러기 위해서는 경험이 많은 전문가로부터 훈련을 받는 것이 필수적이다. 유동과학 연구소에서는 수시로 물방울 사진법에 대한 기초 훈련 과정을 제공하고 있다.

물방울 사진 연구가 지닌 가치

물방울 사진법은 많은 다른 평가법 중에서도 매우 특별한 역할을 담당하기 때문에 이에 대해 몇 가지 설명을 하고자 한다.

우리의 자연관은 주로 우리가 이미 가지고 있던 관점에 의해 결정된다. 대부분의 사람들은 자신의 이기적 욕망에 따라 자연을 조정하고 이용하고자 한다. 우리 자신의 욕심을 위해 자연의 욕구를 무시하는 이런 태도는 현재 인류에게 닥친 세계적인 환경 문제에서도 볼 수 있듯이 우리에게 역효과를 일으키고 있다. 이런 태도로는 자연을 위해 존재하는 물의 특성을 이해할 수 없다. 물이란 진정 무엇인지, 물은 어떻게 다른 대상과 상호 작용하는지를 이해하려면 완전히 다른 시각에서 출발해야 한다. 이기적인 태도를 버려야 한다. 우리가 진정으로 이해할 수 있는 유일한 대상은 우리 각자에 속한 것들이다. 그러므로 물을 제대로 이해하려면 과학자들부터 변화해야 한다. 물방울 사진법은 이런 인지학적 사고방식(훈련에 의해 정신세계를 직관적으로 이해할 수 있다는 생각)에서 나온 것이고, 미래의 발전을 위해 꼭 필요한 연구 방법의 하나라고 생각해야 한다. 물방울 사진법이 지닌 가치를 이해하려 한다면 전통적인 사고방식의 관점과는 다른 관점에서 평가해야 한다.

물방울 사진법을 사용한 연구는 계층적 구조를 가진다. 가장 단순한, 즉 가장 낮은 단계의 연구에서는 물방울 사진에 나타난 차이만을 구별해 낸다. 물방울 사진에 나타난 패턴에 대해서만 이야기한다. 따라서, 예를 들면 (물방울 사진법이 이런 변화에 민감하다고 가정했을 때) 실험을 통해 물 시료에 어떤 변화가 일어났는지 결정할 수 있다. 이것은 물질적인 변화와 동적인 변화(예를 들어 물 흔들기) 모두에 적용된다. 여기서 우리는 **동종요법**(homeopathy)의 상승작용 치료의 예를 명심해야 한다. 물방울 사진법 역시 특히 계면 활성제와 같은 유기 물질의 변화에 매우 민감하다. 물은 미네랄과 좀 더 밀접한 관련이 있지만 미네랄의 농도가 높을 때만 물방울 사진에 영향을 준다. 물의 정성적인 면은 무시하고 물의 변화에 대해서만 관심을 가진다면, 물방울 사진법을 전통적인 의미의 지표로 쓸 수 있다. 그러나 물방울 사진법은 수치만 다루는 분석 방법과는 달리 사진을 연구한다는 점에서 예외적인 특성을 가지고 있다. 따라서 물방울 사진법은 순수 분석적인 방법이라기보다 진단적인 방법이다. 이런 종류의 물방울 사진법의 예가 103쪽에 나온다.

더 높은 단계의 연구에서는 물의 유동성을 관찰하는 도구로 물방울 사진법을 사용한다. 강이나 공장 등에서 처리된 물의 특성을 물방울 사진법으로 연구하는 것을 예로 들 수 있다. 이 경우 물 시료를 얻은 장소와 이 물의 물방울 사진은 서로 관련이 있다.

이 연구를 통해 강과 강물과 물방울 사진법에 대해 배울 수 있다. 물방울 사진 실험을 함으로써 물이 나온 곳에서 물과 생명체가 어떤 관계를 가지고 있는지 정성적으로 이해할 수 있다. 이를 통해 물방울 사진에 나타난 물의 유동성의 정도뿐만 아니라 물의 유동성과 자연환경과의 관련성을 깨달을 수 있다.

예를 들어 인간이 만든 오염 때문에 물의 유동성이 감소한다면, 이 물을 마시는 고등 생명체의 일부 종들이 사라지고 저급한 형태의 생명체만이 남게 될지도 모른다. 98-101쪽에서 이런 예를 찾아볼 수 있다.

그러므로 물방울 사진법이라는 새로운 판단 기준을 갖게 된 후 비로소 미지의 성질이었던 물의 유동성이 지닌 중요성을 인식하게 되었다. 이런 수준의 연구에서 물방울 사진법이 가지는 특별한 가치는 물의 유동성을 통해 마시기 좋은 수질의 물을 확실히 가려낼 수 있게 되었다는 점이다. 물방울 사진 실험에 나타난 소용돌이 패턴(90쪽)의 변화를 통해 물의 유동성을 판단할 결정적인 근거를 가지게 되었다.

소용돌이의 수는 같지만 종류가 다른 두 장의 물방울 사진을 상상해 보자. 다른 특성을 가지고 있는 두 사진은 보는 사람에게 매우 다른 인상을 줄 수 있다. 한 사진은 질서가 있고 조화로우며 힘찬 패턴을 가진 반면, 다른 사진은 **카오스**(chaos)적이고 부조화하며 밋밋한 패턴을 가졌다. 이런 종류의 차이를 파악하기 위하여 사진의 이미지로부터 자연이 가진 형태들을 추출해 낼 수 있는 기술이 필요하다. 온천수에 대한 연구가 이런 연구의 출발점이 되었다(95쪽 참고). 온천수 연구를 통해 물이 지닌 치료 능력, 즉 물의 생리학적 기능이 보여주는 패턴을 찾을 수 있었다. 이 예는 우리가 나아가고자 하는 방향을 보여주는 시험 단계에 지나지 않는다. 셀러리(A. Selawry)는 파이퍼(E. Pfeiffer)가 개발한 과민 결정화(sensitive crystallization) 방법에 대해 언급하면서 이런 종류의 연구가 가진 중요성을 다음과 같이 표현하였다.

> 패턴의 본실이 무엇인지 이 방법을 통해 처음으로 깨닫게 되었다. 주어진 현상에서 패턴이 어떤 작용을 하는지 이해할 수 있다면, 과학은 패턴을 결정하는 원인, 또는 원형의 패턴들 사이를 이어주는 다리를 발견할 수 있을 것이다. 이것은 과학의 미래를 여는 계기가 될 것이다.

광천수에서 바닷물까지

'샘은 정말 지구의 눈이다. 짠 바다가 있어 지구는 우주로 눈을 돌리지 않는다. 위장이 우리 몸의 내부 기관인 것처럼 바다 역시 지구의 내부에 속한다. 눈이 주위 세계로 열려 있듯이 담수를 가진 샘 역시 외부 세계로 열려 있다.'

– 루돌프 슈타이너(Rudolf Steiner)

▼ 광천수에서 바닷물까지 다양한 물 시료의 물방울 사진(20번째 물방울)

산속에서 채취한 물
다중 형태에서 리드미컬한 형태로 발전

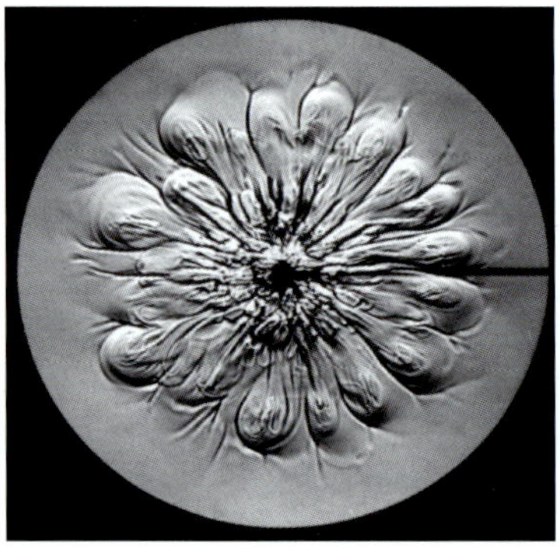

산속 샘에서 채취한 물
다중 형태에서 단엽 모양으로 발전

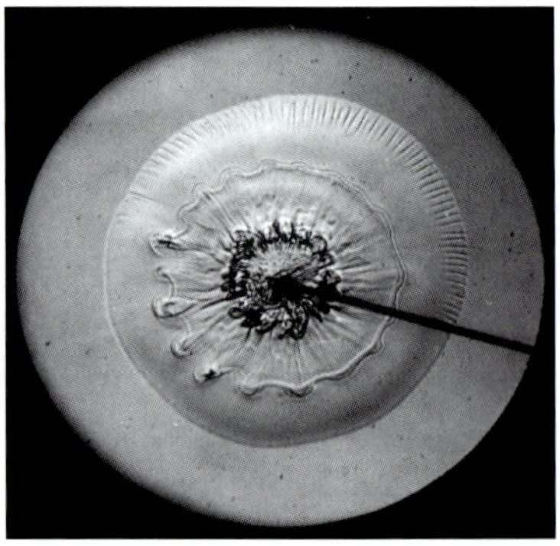

폐수가 섞인 산속 시냇물
고리 모양에서 원판 모양으로 발전

라인강 하류에서 채취한 물
단엽 모양에서 방사선 모양으로 발전

북해 바닷물
(해안에서 멀리 떨어진 곳)
– 수면

북해 바닷물
(해안에서 멀리 떨어진 곳)
– 수면 아래 15m 깊이

온천수

온천수는 마시는 물이 아닌 치료약이다. 온천수의 물방울 사진들은 한 가지 모양만을 보여준다. 온천에 따라 독특하긴 하지만, 전반적으로 제한되고 균형이 잡힌 흐름 모양이 나타난다.

▼ 온천수(25번째 물방울)

바트 크로이츠나흐 – 엘리자베스켈레

바이스바덴 – 코흐부르넨

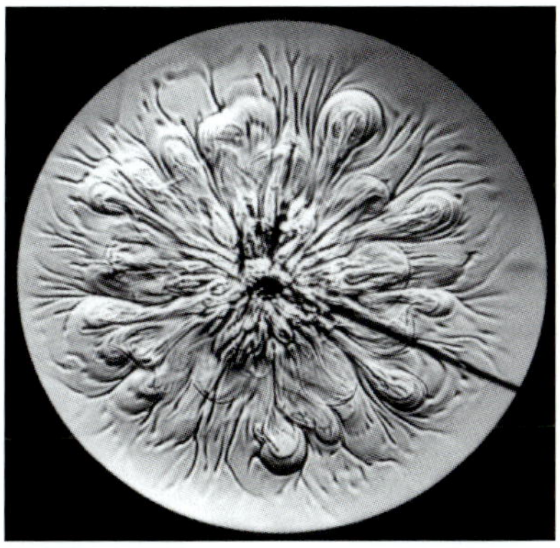

바트 슈발바흐 – 바인부르넨

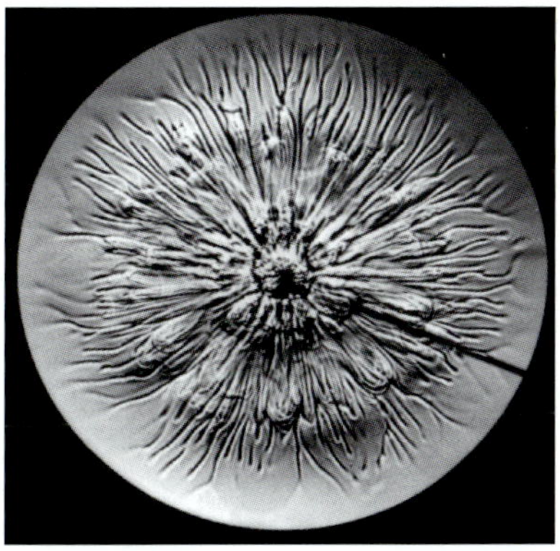

슈랑겐바트 – 트링크부르넨

마시는 물 연구

마시기 좋은 물에는 무엇이 들어 있을까? 천연의 순수하고 오염되지 않은 지하수나, 신선하고 좋은 물의 기준이 되는 광천수(샘물) 등은 보통 칼슘의 농도에 관계없이 포용력이 큰 흐름 패턴을 보여주었다. 힘찬 흐름에서 다양하고 리드미컬한 형태가 만들어졌으며 새로운 물방울이 떨어질 때마다 흐름이 새로운 모양으로 변신을 했다. 이런 물은 유동성이 커서 최대의 패턴 생성 능력을 가지고 있음을 알게 되었다.

반면 인간의 활동에 의해 오염된 물은 흐름이 리드미컬하지 못하고 패턴 생성 능력이 약하며 패턴 변화가 잘 일어나지 않았다. 따라서 물이 가진 패턴 생성 능력을 수질과 관련된 하나의 독립적인 속성으로 볼 수 있음을 알게 되었다. 또 화학적인 성분 분석에 추가하여, 주어진 물이 얼마나 좋은 물인지, 어느 정도의 활력을 가진 물인지 알려주는 지표로 패턴 생성 능력을 사용할 수 있음을 알게 되었다.

위생적으로 깨끗한 물은 마실 수 있는 물이다. 독일의 마시는 물에 관한 법률은 물이 깨끗한지를 판단하는 절차를 규정하고 있다. 마시기 좋은 물은 포괄적인 의미를 가지고 있다. 위생적으로 깨끗해야 하고 독일의 법률 DIN 2000에 적힌 수질 규정을 따라야 한다. 이 수질 규정 중 하나가 패턴 형성과 관련이 큰 물의 유동성에 관한 것이다. 유동성이 큰 물을 마시면 시원하고 갈증이 잘 풀리기

▼ 천연의 순수한 물

화강암에서 흘러나온 매우 단 샘물

중간 정도의 센 지하수에서 나온 마시는 물

쥐라산맥(역주 : 프랑스와 스위스에 걸쳐 있음)에서 나온 샘물

때문에 활력을 느낀다. 또 센물(hard water)일 때도 같은 경험을 하게 된다.

물방울 사진은 마시는 물로서의 적합성보다는 물의 유동성을 보여준다. 마시는 물로서의 적합성 여부는 화학적 분석과 미생물 분석으로 확인할 수 있다. 물방울 사진으로 물에 녹아 있는 성분을 알 수는 없지만, 이 성분들이 물의 유동성에 어떤 영향을 미치는지, 물과 성분이 어떻게 반응하는지 알 수 있다.

DIN 2000 규정을 따르는 마시는 물은 생산지가 알려져 있기 때문에 위생학적으로 깨끗하다. 물의 유동성은 형태의 다양함뿐만 아니라 한 형태에서 다른 형태로 얼마나 잘 변화하느냐로도 알 수 있다. 유동성은, 예를 들어 센물인지 단물인지와 같은 유체화학적 성질에는 거의 영향을 받지 않는다.

순수하지 않은 물을 정수 처리 기술을 이용하여 위생적으로 깨끗한 물로 만들 수 있다. 그러나 이런 물은 좋은 물의 규정을 만족하지 못한다. 이 물의 물방울 사진에는 밀집되어 있고, 상대적으로 단순하며 변화가 작은 패턴만이 나타난다.

마시기 좋은 물의 요건–독일(DIN 2000)

- 마시는 물은 일반적으로 천연의 순환 과정을 통해 만들어진 신선하고 흠이 없는, 오염되지 않은 지하수를 사용할 것을 권장한다.
- 마시는 물에는 병원균이 없어야 하고, 건강에 해가 되지 않아야 한다.
- 마시는 물은 마실 만해야 한다. 무색무취하며, 시원하고 흠이 없는 맛을 가지고 있어야 한다.

▼ 지하수와 정화를 거친 강물이 섞인 물

산업 지역인 라인–루르 부근의 지하수와 엘베 강 중류의 강물

폐수로 오염된 강의 자정 지역

양조장 폐수가 슈바르츠발트(역주 : 독일의 울창한 삼림지대)에 있는 메트마 강에 유입된다. 강이 지닌 유기물 자정 능력에 의해 강을 따라 8km를 흘러가는 동안 폐수는 생물학적 분해 과정을 거친다. 유기물들이 강물에 있는 미생물들에 의해 미네랄로 바뀐다(100-101쪽 참고).

오염되지 않은 강물은 다양한 미생물들의 서식지이다. 수중 식물, 해조류, 곤충과 곤충의 애벌레나 번데기, 기생충, 갑각류(게, 새우, 가재 등), 복족류(달팽이, 소라 등), 미생물 등은 동식물의 살아 있는 공동체를 형성한다. 이들 생물들은 강 주위에 균형을 이루며 분포하고 있다.

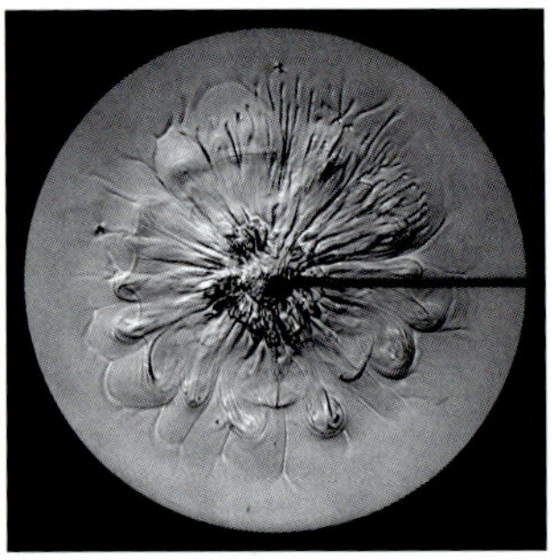

◀ 폐수가 방출되는 장소의 상류 지역에서 채취한 물은 맑고 깨끗하다. 물방울 사진은 균형 잡힌 다엽 모양을 보여준다. 이 물에는 다양한 동식물들이 살고 있다.

▲ 천연의 순수한 물이 흐르는 메트마 강. 오염원 위쪽에 있다.

▲ 1977년까지 양조장 폐수와 생활하수가 브륀리스바흐로 유입되었다.

100-101쪽의 그림을 보면, 폐수 방류는 강에 사는 생명체와 그들의 서식지를 다음과 같이 완전히 변화시킨다.

- 털 박테리아(sphaerotilus natans. 그림 a)가 강을 뒤덮는다.
- 소수의 생물 종이 대량으로 나타난다.
- 실지렁이(tubificides. 그림 b)와 각다귀 유충(그림 d)들이 나타난다.

▲ 범람한 메트마 강. 300m 부근

▲ 메트마 강 6,000m 하류 지역

1,800 m부터는 흑파리 유충(그림 e)들이 주로 나타난다. 더 아래로 내려가면 잎이 없는 조류가 늘어나고 더 이상 하나의 종이 강을 지배하지 못한다. 2,000-3,000 m까지 잎이 없는 조류가 더 많이 서식한다. 조류가 늘어나며 조류를 먹고 사는 생물이 다시 나타난다. 미생물을 먹고 사는 갑각류(그림 f의 민물조개)와 하루살이 유충(그림 k) 등이 그것이다.

자정 구간의 끝에 이르면 동식물군이 다시 나타나 오염되지 않은 지역에 형성된 것과 같은 균형 잡힌 생태계가 만들어진다.

▼ 폐수를 방류한 후 회색 박테리아가 군락을 형성하며 강을 뒤덮었다.

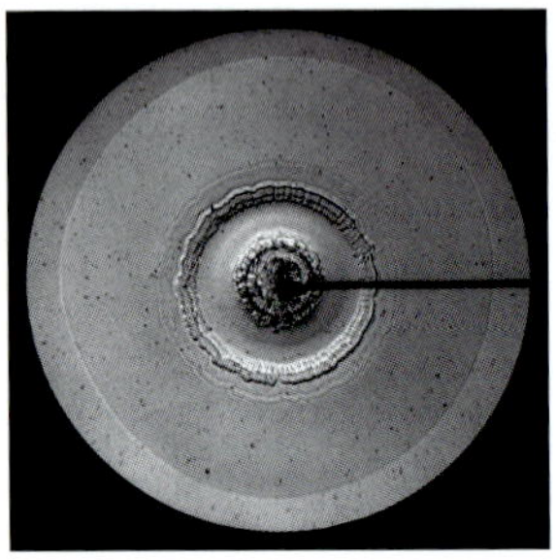

◀ 폐수가 방출되는 장소에서 **50m** 내려간 지역. 물이 흐리고, 가장 단순한 모양을 가진 물방울 사진이 얻어진다. 박테리아가 주로 서식하며 유기물의 분해가 이루어지는 지역이다.

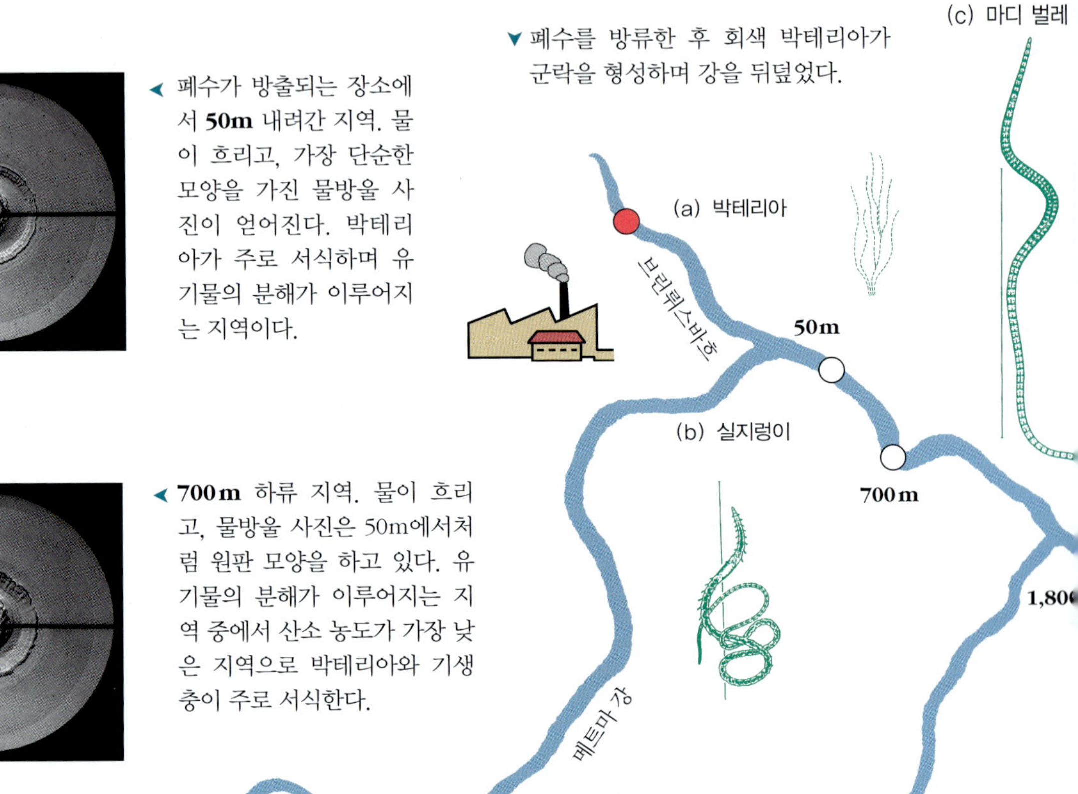

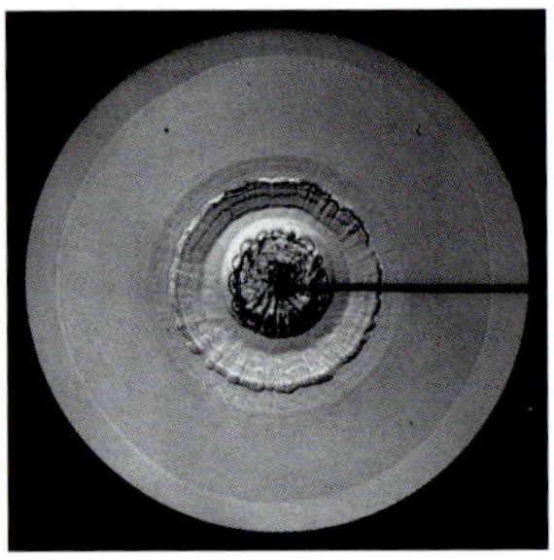

◀ **700m** 하류 지역. 물이 흐리고, 물방울 사진은 50m에서처럼 원판 모양을 하고 있다. 유기물의 분해가 이루어지는 지역 중에서 산소 농도가 가장 낮은 지역으로 박테리아와 기생충이 주로 서식한다.

▶ **1,800m** 하류 지역. 박테리아가 사라진다. 물방울 사진에서 원판 크기가 줄어들고 구조가 나타나기 시작한다. 유기물의 대부분이 분해된다. 벌레 모양의 곤충 유충들이 많이 나타난다.

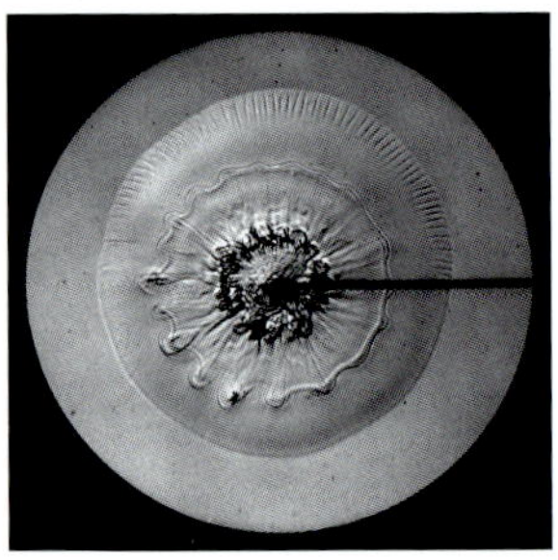

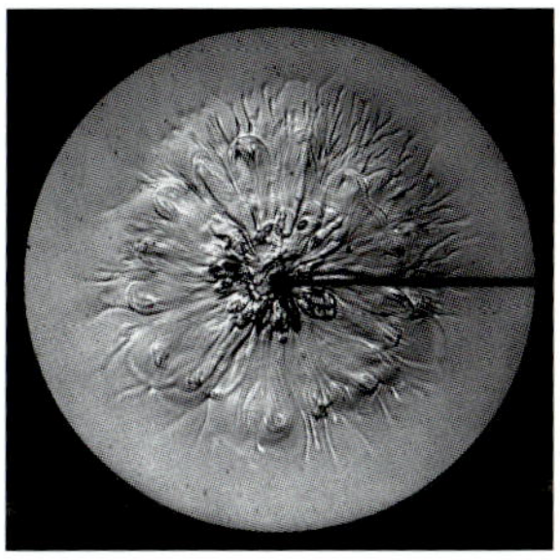

◀ **3,000m** 하류 지역. 맑은 물이 흐른다. 1,800m 지역의 물방울 사진에서 본 닫힌 모양들이 더 이상 나타나지 않고 소용돌이가 보이기 시작한다. 조류에 의해 광합성이 일어나기 시작한다. 동물 종의 절반이 다시 나타난다.

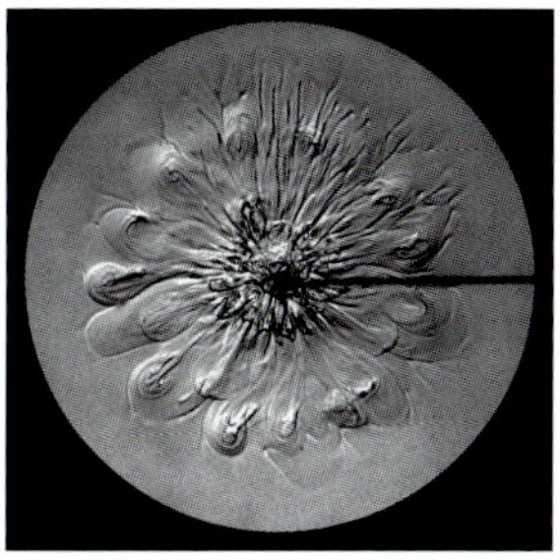

▲ **8,000m** 하류 지역. 균형 잡힌 물방울 사진을 볼 수 있다. 동식물의 생태계가 균형을 이루고 있다. 유기물들이 미네랄로 변화되었다. 강물이 스스로 정화되었다.

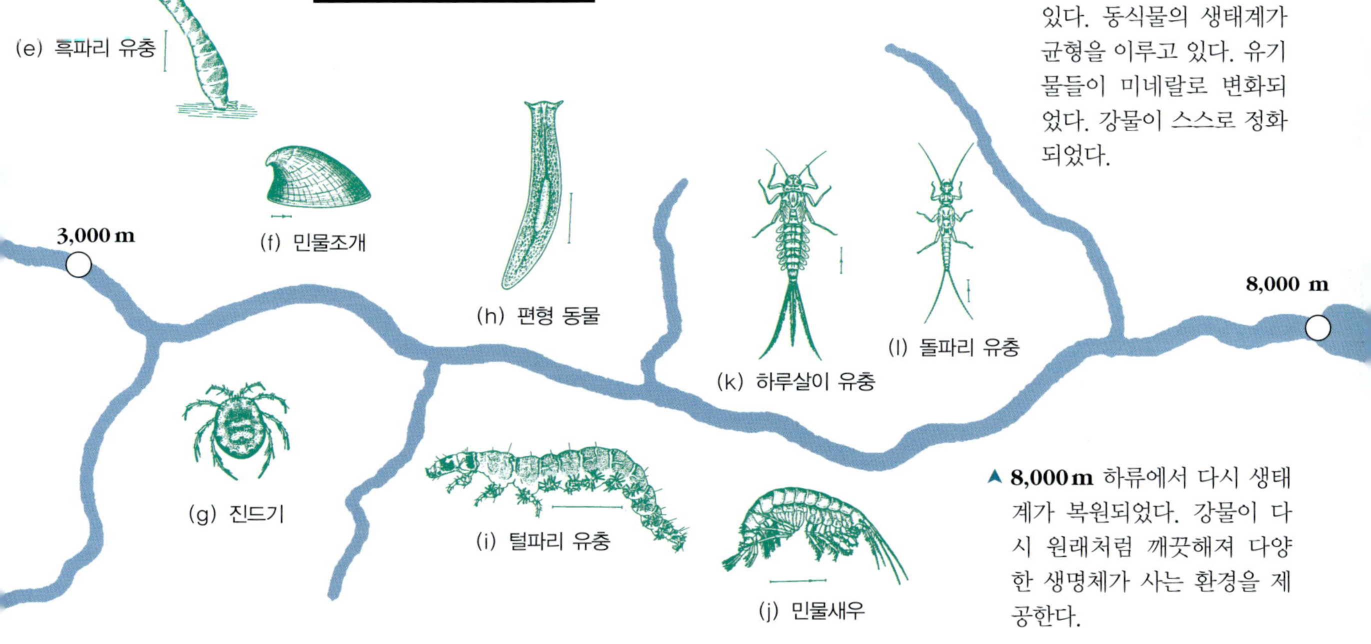

▲ **8,000m** 하류에서 다시 생태계가 복원되었다. 강물이 다시 원래처럼 깨끗해져 다양한 생명체가 사는 환경을 제공한다.

동물군과 물방울 사진의 일치

강이 오염된 지역에서는 유기물의 분해가 이루어지며, 벌레 모양의 미생물이 나타난다. 이 미생물들은 구조가 단순하며 대사가 활발하다. 물방울 사진에서도 물의 흐름이 제약을 받아 단순한 구조를 가진 원판 모양이나 고리 모양이 주로 나타난다.

반면 맑은 물이 흐르는 천연의 강에는 분화가 잘 된 구조(머리, 가슴, 배가 분명하게 구분된다) 및 감각 기관을 가진 생물들이 살고 있다. 물의 유동성이 크기 때문에 물방울 사진에서도 다중 형태를 한 열린 모양들이 나타난다. 소용돌이와 선 구조가 서로 교차하는 모습을 볼 수 있다.

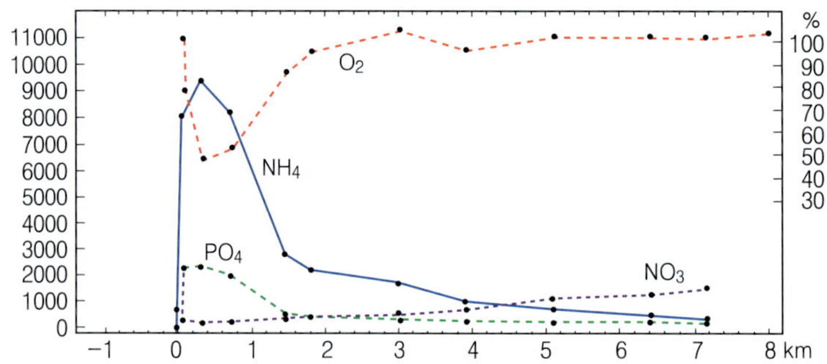

▲ 암모늄(NH_4), 질산염(NO_3)과 인산염(PO_4)의 농도($\mu g/l$) 및 산소 포화도(%)

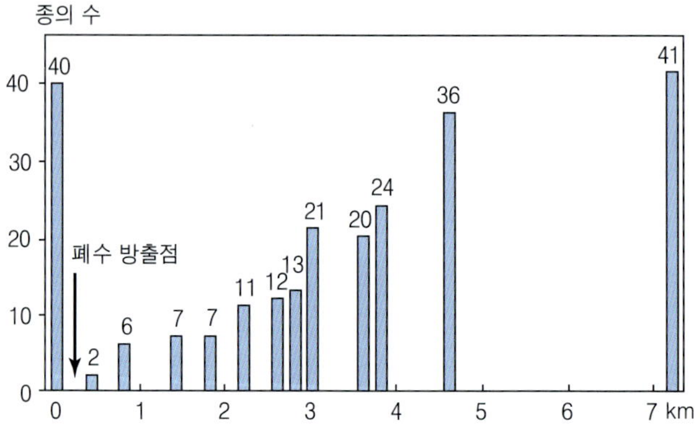

▲ 자정 구간의 바위 표면에 서식하는 동물 종의 수

마시는 물의 취급

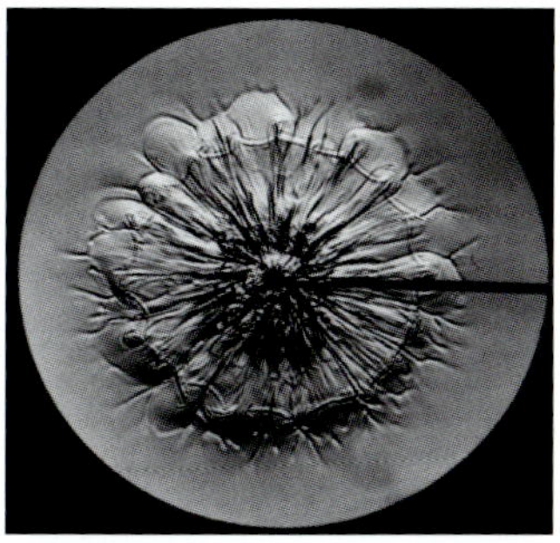

합성수지 용기 안의 증류수

저장 용기 재질의 영향

플라스틱 – 유리

유리 용기 안의 증류수

20℃에서 20시간 동안 PP-R(poly-propylene-Random-copoly-merisate) 파이프 속에 넣어 둔 마시는 물

파이프 재질의 영향

플라스틱 – 고급 철

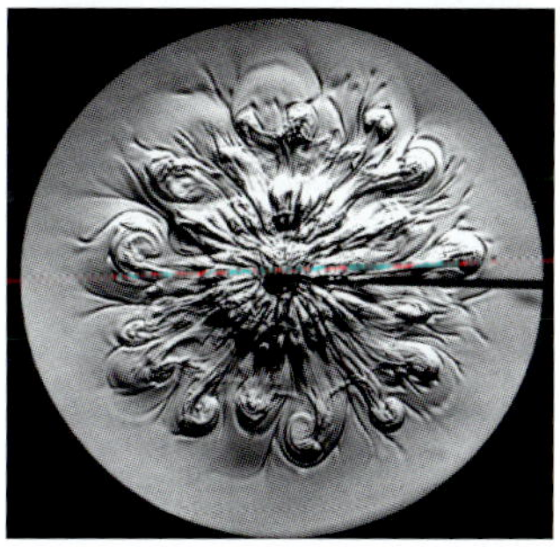

20℃에서 20시간 동안 고급 철 파이프 속에 넣어 둔 마시는 물

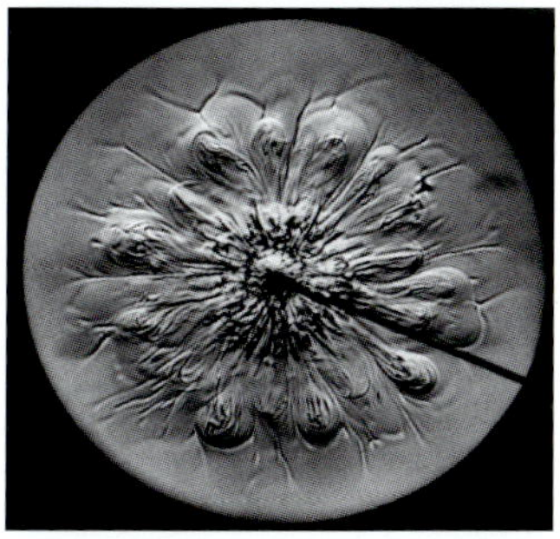

파이프 속에 오랜 시간 동안 고여 있던 수돗물

물의 신선도의 영향

썩은 물 – 신선한 물

세척한 파이프에서 나온 수돗물

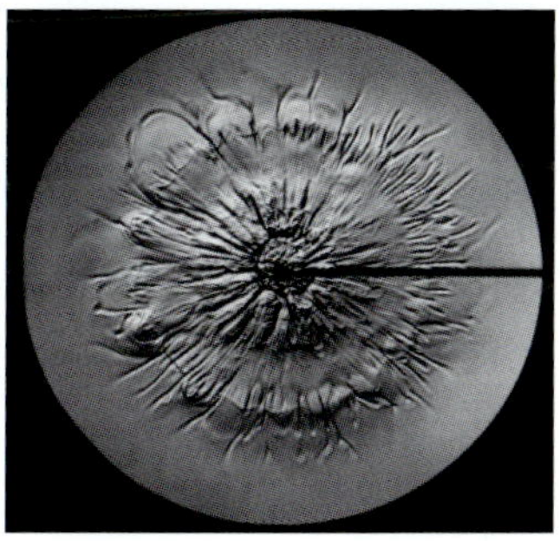

키친타올로 닦은 후 건조시킨 접시

실험용 접시의

정화 방법의 영향

키친타올 – 실험용 여과지

실험용 여과지로 닦은 후 건조시킨 접시

계면 활성제의 영향

계면 활성제는 세제처럼 표면 장력을 줄이는 화학 물질을 일컫는다. 100만 분의 1(1ppm)의 농도만 가져도 계면 활성제는 물방울 사진에서 흐름의 패턴을 변화시킬 수 있다.

계면 활성제의 농도를 낮추며 한 실험

5번째 9번째 20번째 37번째

▲ 순수한 물. 표면 장력 72.66mN/m(밀리뉴턴/미터).
중핵 지역의 구분이 명확하고 소용돌이와 다중 형태가 나타난다.

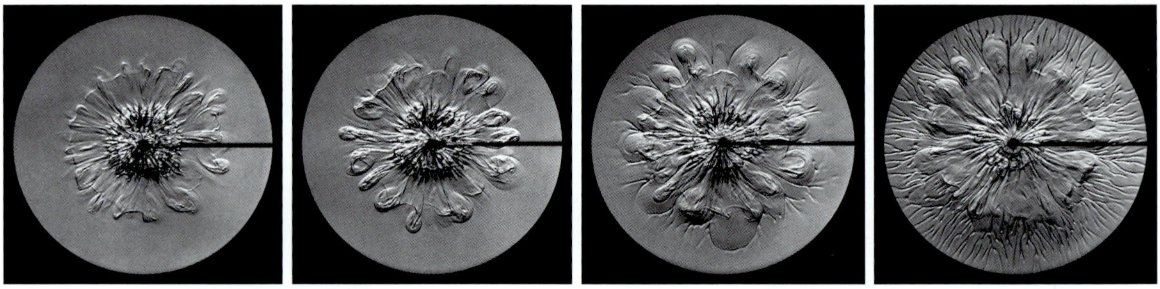

▲ 1:1,000,000 희석. 표면 장력 72.64 mN/m. 중핵 부분의 경계가 불명확하다.

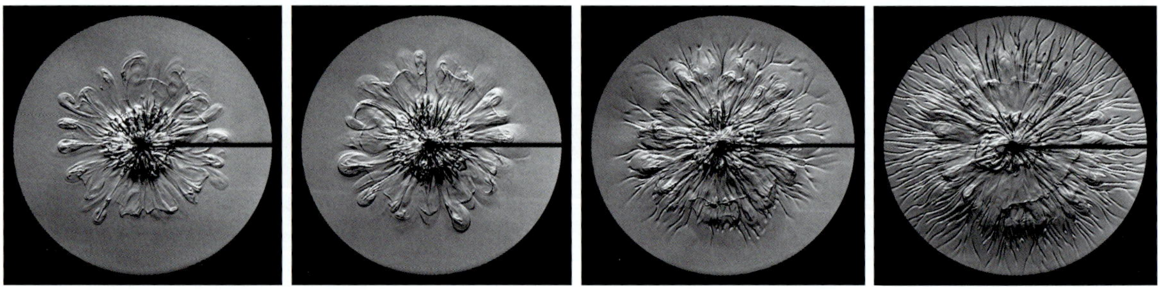

▲ 1:500,000 희석. 표면 장력 72.60 mN/m. 소용돌이 생성이 약화되고 방사선 구조가 증폭된다.

5번째 9번째 20번째 37번째

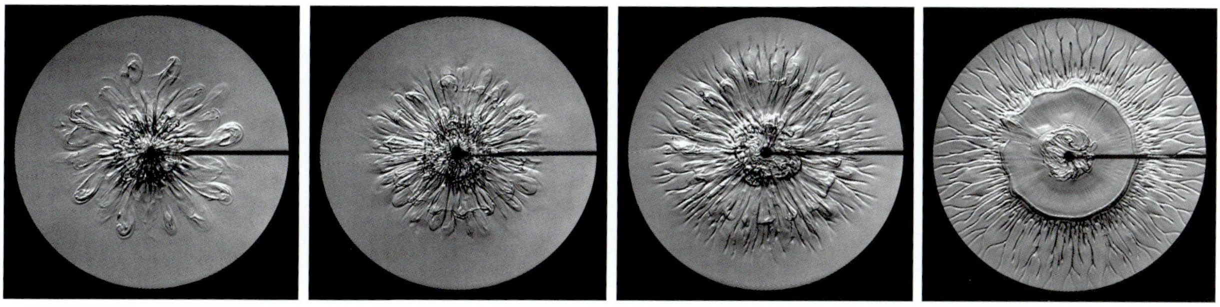

▲ 1:250,000 희석. 표면 장력 72.49 mN/m. 형태의 크기가 줄고 방사선 구조가 주로 나타난다.

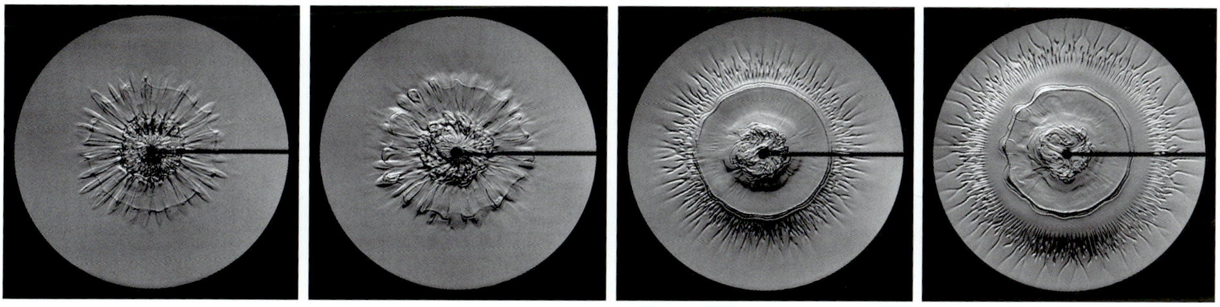

▲ 1:125,000 희석. 표면 장력 72.27 mN/m. 중앙에 있던 형태가 사라진다.

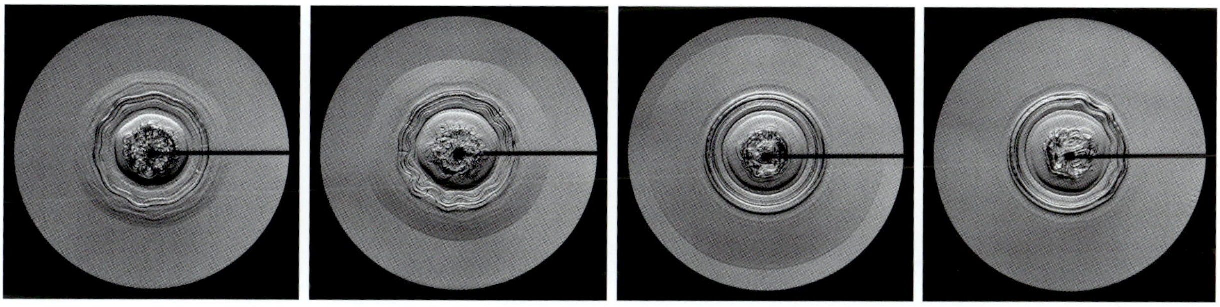

▲ 1:50,000 희석. 표면 장력 71.48 mN/m. 중심이 같은 원형 고리 모양만 나타난다.

5

기초 연구 : 물방울과 관련된 현상

기초 연구의 목표는 자연을 이해하는 것이다. 기초 연구의 결과는 우리의 삶의 방식과 우리 존재의 근원인 지구를 대하는 방식을 결정한다. 우리는 특별히 물의 흐름에 관한 연구를 통해 물방울 사진법의 원리뿐만 아니라 물 그 자체를 이해하게 되었다.

물의 흐름을 관찰할 때 우리는 좀 더 보편적인 과정까지 공부하게 됨을 알았다. 예를 들어 물의 운동으로부터 어떻게 흐름이 생기는지, 어떻게 리드미컬한 흐름이 나타나는지, 나아가 '유체'란 진정 무엇을 의미하는지 등을 알게 되었고, 우리의 사고방식이 얼마나 경직되어 있었는지도 깨닫게 되었다.

이 장에서는 물방울과 물방울이 수면에 주는 충격에 대해 다룬다. 여기서 다룰 현상들은 앞서 설명한 것과 같은 물의 행동에 관한 현상들이다. 이 내용을 맨 뒤에 놓은 이유는 이들 현상이 너무나 순식간에 일어나서 직접 맨눈으로 볼 수 없기 때문이다. 단 한 장의 사진을 통해 현상을 재구성해 내는 상상력을 발휘해야만 이 장의 내용을 이해할 수 있다.

물방울 사진 실험을 통해 물의 흐름을 연구하면서 주삿바늘 끝에서 물방울이 형성되는 과정, 낙하하는 물방울의 모양 변화, 물방울이 수면에 주는 충격 및 물 속에서 소용돌이가 만들어지는 과정 등을 깊이 이해하게 되었다.

물방울의 형성

가장 보편적인 물방울의 형태는 구형이다. 물방울은 항상 구 모양을 취하려 한다. 구는 꼭대기나 바닥도, 왼쪽이나 오른쪽도 없다. 구에서는 중심과 바깥 둘레만이 중요하다. 대기 중에 떠 있는 작은 물방울의 형태도 구형이다(16쪽 참고). 물방울의 크기가 커지면 중력이 증가하여 낙하하기 시작한다. 이때 물방울은 공기 저항에 의해 아래가 편평해져 꼭대기와 바닥의 모양이 달라지며, 또 공기 저항 때문에 물방울은 낙하하면서 진동 운동을 하게 된다. 이제 물방울의 모양은 보편적인 구형이 아니고 각자 독특한 모양을 갖게 된다. 공중을 떠도는 물방울들은 낙하 운동과 진동 운동을 동시에 하게 된다. 물방울의 크기가 너무 커지면 견디지 못하고 작은 물방울들로 갈라진다. 이는 마치 생명체의 세포 분화나 대사 과정에서 일어나는 분리 현상과 유사하다.

또한 분리 현상은 물방울 사진용 주삿바늘에서도 일어난다. 먼저 작고 둥근 물방울이 천천히 길고 크게 늘어나면서 배(식용 과일) 모양으로 변한다. 길어진 물방울의 모습은 물방울에 작용하는 힘의 특징을 나타낸다. 물방울에 작용하는 중력의 크기가 표면 장력의 크기와 비슷해지면 물방울이 심하게 늘어나면서 분리가 일어난다. 이 순간이 매우 중요한데, 이때 소리와 같은 매우 작은 진동조차 물방울이 분리되는 것을 가속하거나 지연시킬 수 있다. 가속할 경우 물방울의 크기가 작아지고, 반대의 경우 물방울의 크기가 커진다. 물방울은 분리되면서 진동하기 시작하는데, 이 진동 운동에 의해 작은 고리 모양의 파동이 생겨 물방울 표면을 따라 전파된다. 새로 생긴 파동이 앞쪽의 파동을 밀어낸다. 이런 파동을 모세관 파라고 부르는데, 그 이유는 표면 장력이 이 모세관 파의 형성에 관여되어 있기 때문이다. 작은 관(모세관)을 따라 물이 위로 올라가는 것, 또는 식물이 물을 빨아올릴 수 있는 것 등은 모두 표면 장력 덕분이다.

모세관 파가 물방울 아래에서 생기면 여기에 에너지가 집중되어 이 부분이 현저히 튀어나오게 된다. 이 때문에 미약한 파동이 물방울의 꼭대기나 바닥을 뾰족하게 하거나 편평하게 만든다. 물방울의 모양이 심하게 왜곡되면 물방울의 반사 특성과 굴절 특성의 변화가 일어나기 때문에 광학적인 방법으로 파동과 진동 운동을 조사할 수 있다. 탄생 이후 다양한 패턴들이 생긴다는 점에서 물방울의 분리는 생명체의 탄생 순간과 비슷하다.

바닥이 편평한 물방울은 바닥이 뾰족한 물방울과는 다르게 물과 충돌한다고 생각할 수 있다. 실제로 물의 얇은 막과 충돌하는 순간의 물방울 모양과 진동이 물방울 사진에 큰 영향을 주는 것은 사실이다.

물방울 사진법에 있어서, 물방울은 액체 시료가 운동을 하도록 만드는 방아쇠 구실을 한다. 물방울과 물 시료의 충돌은 매번 다르게 일어나므로, 실험의 재현이 가능하도록 하려면 정확한 초기 조건을 아는 것이 대단히 중요하다. 여러 낙하 높이에서, 그리고 여러 충돌 순간의 다양한 물방울 모양으로 실험한 물방울 사진들이 79-80쪽에 실려 있다.

물방울은 단순한 구가 아니다

응축에 의해 만들어지는 물방울의 모양은 처음에는 구형이다. 그러나 예를 들어 물 제트나 주삿바늘에서 만들어지는 물방울은 진동을 하기 때문에 낙하하는 동안 모양이 달라진다.

◀ 바깥 지름이 0.8 mm인 주삿바늘의 끝에 만들어진 물방울 모습. 중력에 의해 길게 늘어나지 않는 한 표면 장력에 의해 물방울의 모양은 구형이다. 그림에 주삿바늘 끝이 약간 보인다.
주삿바늘에서 물방울이 분리되면서 고리 모양의 파동이 생기고, 이 파동에 의해 미세한 모세관 파가 만들어진다. 모세관 파가 물방울을 따라 이동하면서 복잡한 진동 패턴을 만든다. 여러 파동들이 중첩되어 물방울의 아래가 뾰족해졌다 편평해졌다 하는 것을 볼 수 있다.

눈으로 볼 수 없는 것

낙하하는 물방울이 빛을 강하게 반사하는 이유는 미세한 모세관 파 때문이다. 모세관 파는 물방울을 반짝거리게 한다(그림에서 화살표로 표시한 부분을 보라). 진동하는 물방울은 진주 목걸이처럼 영롱한 빛을 낸다.

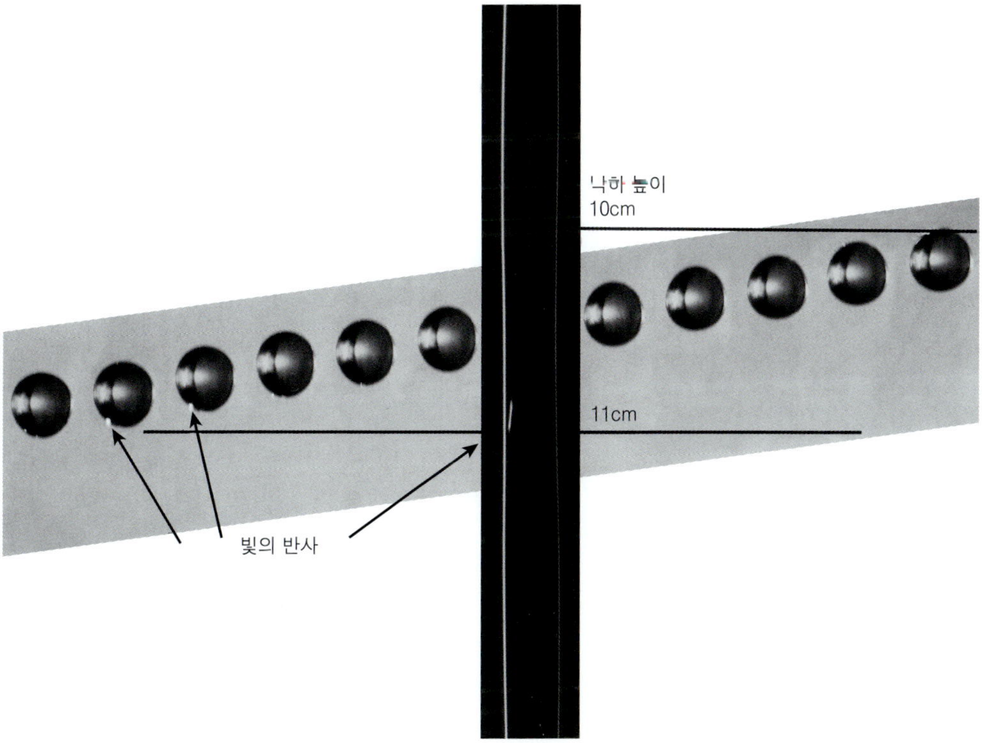

▲ 사진 오른편과 왼편의 선은 물방울이 떨어지면서 빛을 반사하여 생긴 궤적들이다. 사진 속의 짧은 흰 선은 진동 운동의 한 주기에 해당된다.

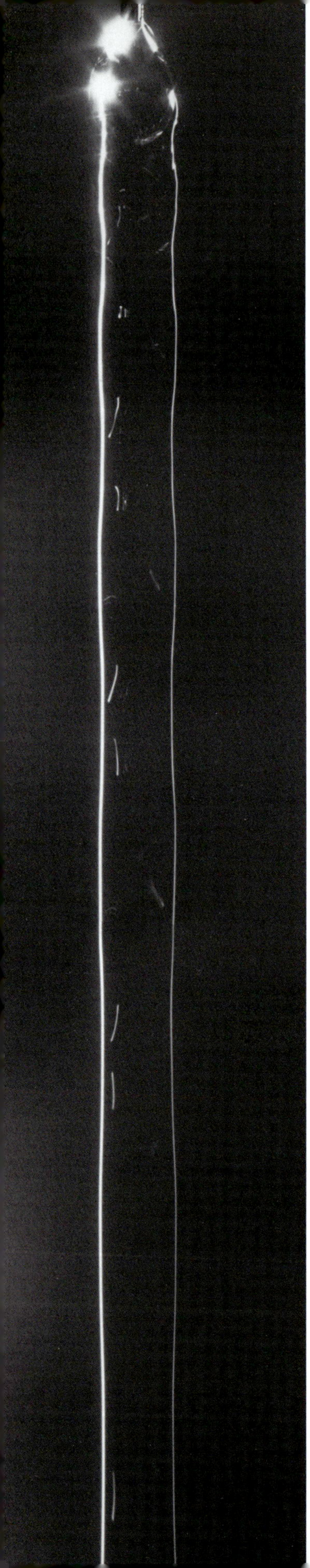

◀ 낙하하며 진동하는 물방울이 빛을 반사해 남긴 궤적. 특정 위치에서 플래시(섬광)를 터뜨리면 물방울의 모양이 달라지는 것을 볼 수 있다.

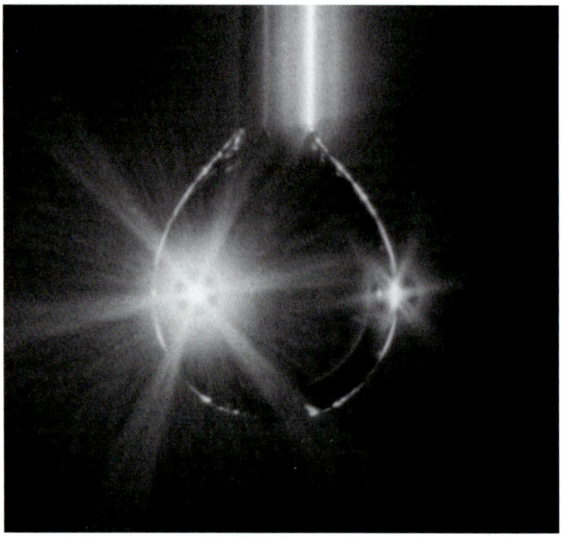

▲ 공중에 떠 있는 물방울에 빛을 비춘다. 오른편에서는 빛이 물방울 표면에서 반사된다. 왼편에서는 물방울 내부에서 빛이 더 강하게 반사된다.

▲ 태양 섬광으로 인해 바위에 부딪쳐 튀어오르는 물방울의 진동을 볼 수 있다.

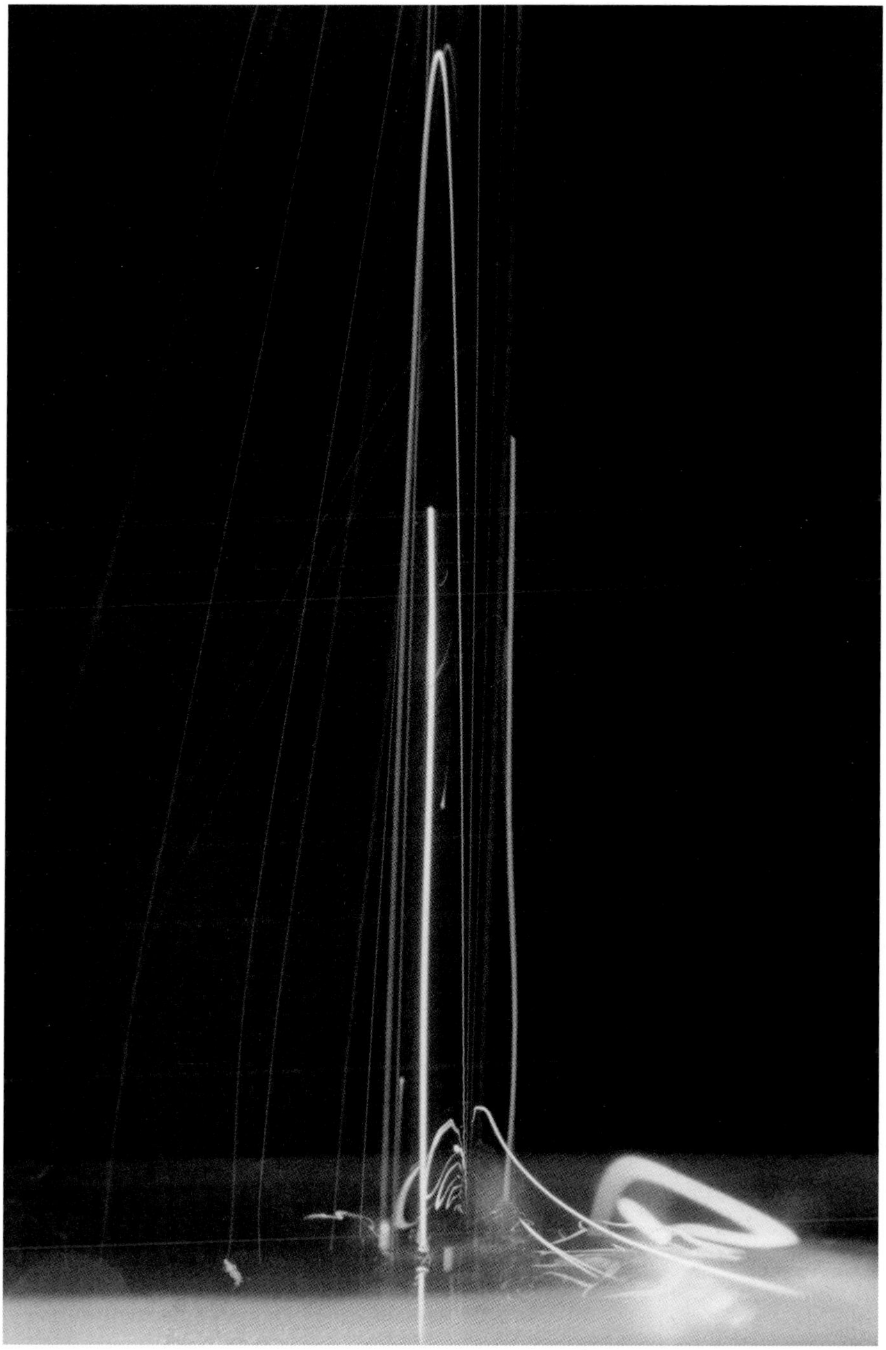

▲ 10cm 높이에서 떨어뜨린 물방울의 궤적을 빛을 비스듬히 비춰 사진에 담았다. 노출 시간을 길게 하여 각각의 물방울의 궤적을 기록하면 몇 개의 물방울이 위로 튀어 올랐는지 알 수 있다.

물방울의 잠수

정지한 물에 떨어진 물방울은 곧바로 물속에 잠기지 않는다. 물방울이 물과 충돌하여 물을 밀어내는 과정에서 물방울과 물 사이에 상호 작용이 일어나 복잡한 운동과 패턴이 만들어진다. 물방울이 얇은 막 형태로 퍼져나가면서 반구형 분화구가 만들어진다. 동시에 물이 분화구의 가장자리를 지나 위로 솟아오르면서 왕관 모양을 만든다. 왕관은 물 제트를 일으켜 개별적이고 미세한 물방울(분무)을 많이 뿜어낸다. 분화구와 왕관의 크기가 최대가 되면 물의 흐름이 반대가 되어 새로운 모양이 만들어지기 시작한다.

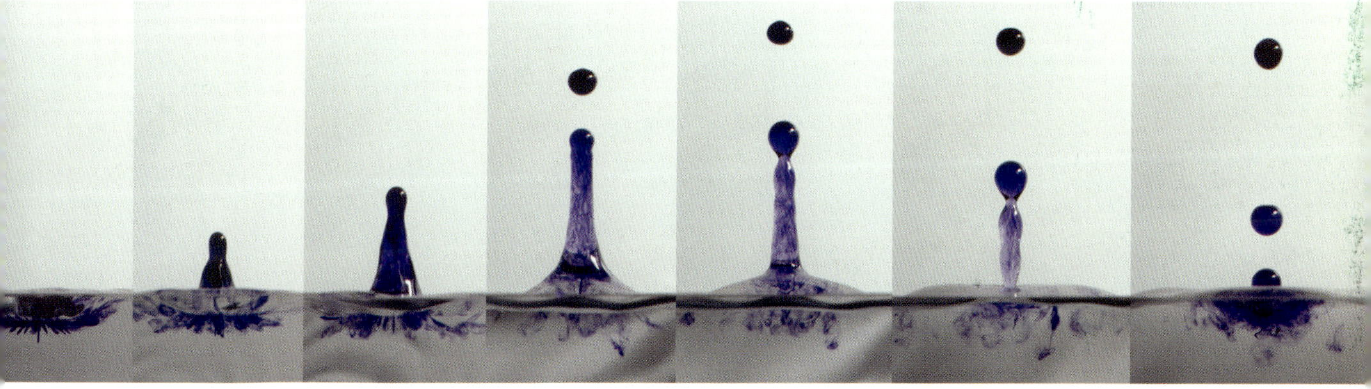

바깥으로 움직이는 왕관의 물은 고리 모양의 파동을 만들고, 반면 안으로 움직이는 물은 분화구로 모여든다. 물이 사방에서 중앙으로 몰리면서 물 제트(water jet)가 되어 위로 움직이는 충돌 지역이 생겨난다. 이 물 제트가 갈라져 미세한 물방울이 된다. 미세한 물방울들과 물 제트가 다시 물속으로 가라앉으면서 정지한 물과 합쳐지게 되고, 소용돌이 고리가 나타나기 시작한다.

물방울이 물과 충돌하여 흐름 패턴을 만드는 과정을 다음의 사진들을 통해 단계별로 소개한다.

물방울과 수면

처음에는 대조적인 성질을 가진 두 가지 물이 존재한다. 하나는 점에 가까운 낙하하는 물방울이고 다른 하나는 넓은 표면적을 가진 접시에 담긴 물이다. 두 물체가 충돌하면서 운동에 의해 패턴이 생겼다가 사라지고 이로 인해 다시 물이 운동을 하는 일이 수차례 반복된다.

충격

물방울과 물이 만나면서 상호 작용이 일어난다. 작용과 반작용 법칙에 의해 물방울이 수면에 주는 충격과 동일한 충격을 수면이 물방울에 가한다. 물방울이 물을 투과할 수는 없지만 물방울의 운동이 충격에 의해 멈추고 물이 이동한다. 이로 인해 물이 미세한 물방울로 변화하여 격렬하게 위로 튀어 오른다.

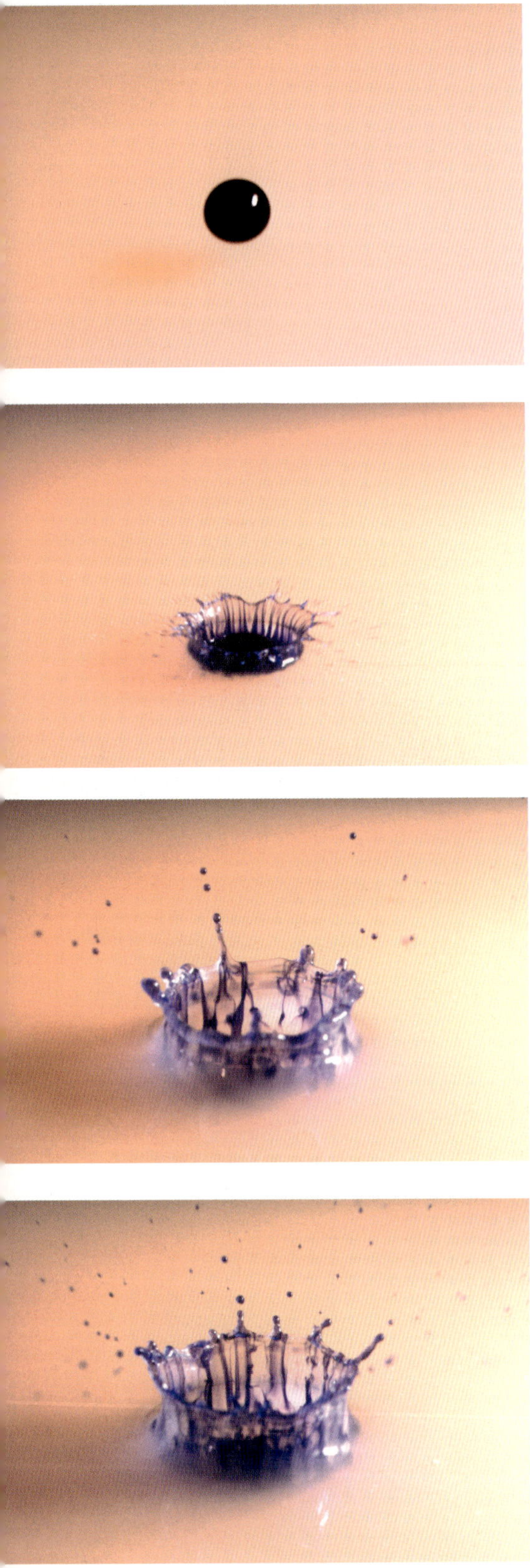

◀ 사진 순서 : 푸른색 물감이 섞인 물방울이 60cm 높이에서 붉은색 물감이 섞인 물로 낙하된다. 물방울이 분화구에서 얇은 막을 이루며 퍼진다. 왕관의 가장자리에서 물방울의 막이 아래에 있는 물과 섞이면서 미세한 물방울이 만들어져 공중으로 날아간다.

분화구와 왕관의 생성

접시에 담겨 있는 물과 물방울이 격렬하게 만나는 과정에서 물방울과 물 모두 모양이 변한다. 모양이 크게 변형되면서 충돌 분화구가 생기고, 물은 분화구 바깥쪽으로 이동한다. 물의 운동은 왕관이 만들어지면서 멈춘다. 물방울의 낙하 운동 에너지는 모양을 만드는 데 완전히 소모되고, 물방울의 액체는 분화구 안에서 퍼져 얇은 막이 된다. 물의 일부는 미세한 물방울이 되어 왕관 밖으로 튀어나간다.

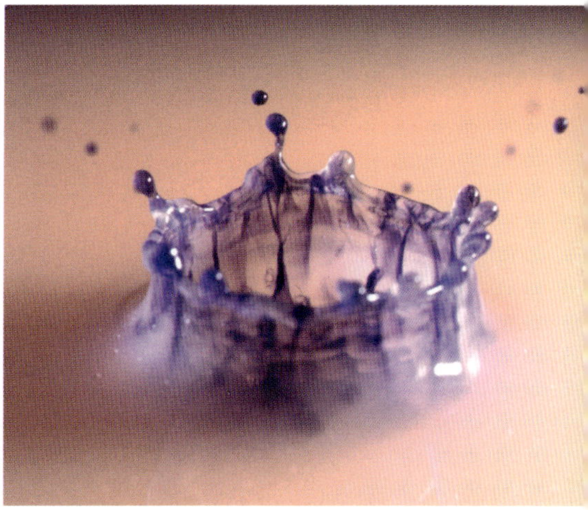

반대 방향의 새로운 충격

수면의 형태가 불안정하여 고리 모양의 파동이 밖으로 퍼져나가면서 앞쪽에 모세관 파가 만들어진다. 그러나 왕관 지역에서는 운동이 이와는 반대로 일어나 물이 분화구로 몰려든다. 물방울에 속한 액체도 분화구에 모인다. 이런 불안정한 상태로부터 새로운 운동이 시작된다.

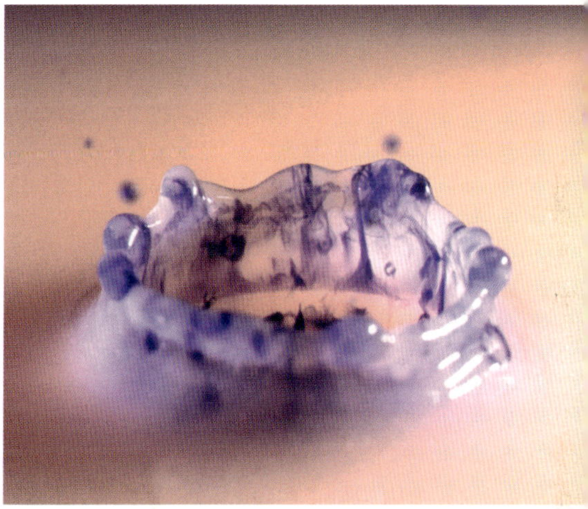

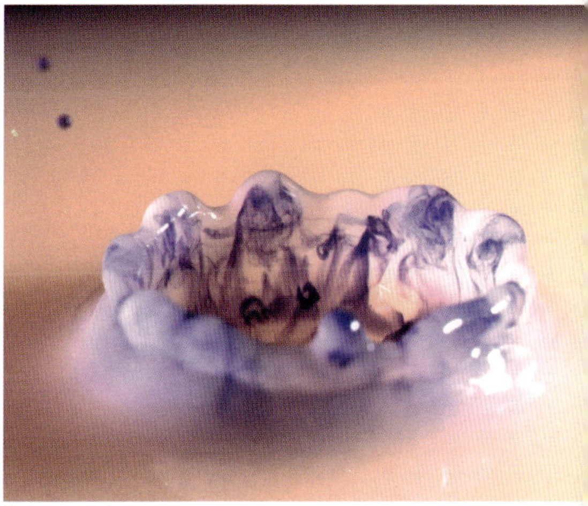

충돌점과 제트의 생성

가장자리에 있던 물이 중앙에 있는 한 점을 향해 흘러 들어오고, 동시에 이 물을 위로 솟구치게 할 만큼 큰 힘이 물에 작용한다. 이 힘은 물방울이 물과 충돌할 때 작용하는 힘보다 훨씬 커서 물기둥 또는 물 제트가 미세한 물방울로 갈라지도록 만든다. 속이 빈 분화구가 이제 물기둥으로 변한다.

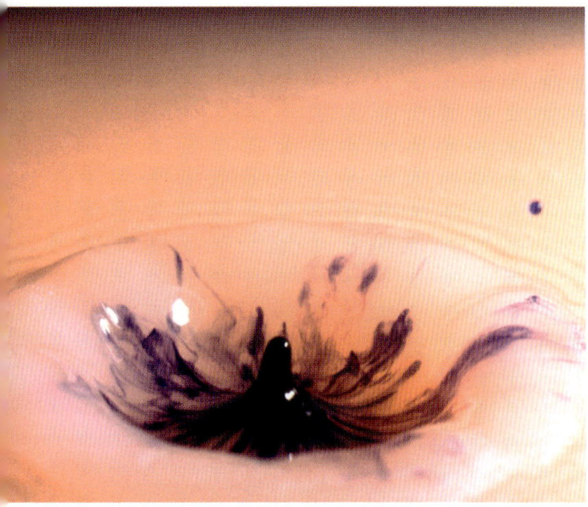

잠수와 섞임

물 제트가 떨어지면서 재차 물이 반대로 흐른다. 물기둥이 아래로 가라앉을 때 분리되어 나온 물방울들은 속도가 느리기 때문에 물기둥이 사라진 후에 다시 물과 만난다. 수면 아래에 있는 소용돌이 고리의 운동으로 인해 물이 밖으로 넓게 퍼져나간다. 시간이 흘러 소용돌이 운동(40–47쪽 참고)이 멈추면 물방울이 접시에 담긴 물과 완전히 섞이게 된다.

물의 퍼짐

물방울이 떨어지면 각 부분의 수면 높이가 달라져 무늬가 만들어지지만 결국 운동이 멈추면서 수면 높이가 완전히 같아진다. 물방울이 접시의 물과 합쳐졌기 때문에 당연히 전보다 수면이 올라간다. 수면의 높이를 같게 하는 과정이 강에서 일어날 때 나무 모양의 구조나 사행천이 만들어지는 것을 이미 살펴보았다.

부서짐 – 변형 – 흐름

겉보기에 물방울이 물과 충돌하는 현상은 단단한 물체가 서로 충돌해 부서지는 현상과 유사해 보인다. 그러나 시간이 흐를수록 물의 충돌이 고체의 충돌과는 다르다는 것을 알게 된다. 물방울 모양의 변형은 액체가 고체와 다르다는 것을 보여주는 최초의 신호이다. 우리는 운석이 지구 또는 달과 충돌할 때 분화구가 생기는 것을 알고 있다. 또 운석이 두꺼운 진흙층같이 액체와 유사한 대상과 충돌하면 제트가 만들어지는 것도 알고 있다. 액체에 가까울수록 변형이 잘 일어나기 때문에 결국 순수한 물의 경우 수많은 형태를 만들어 낸다.

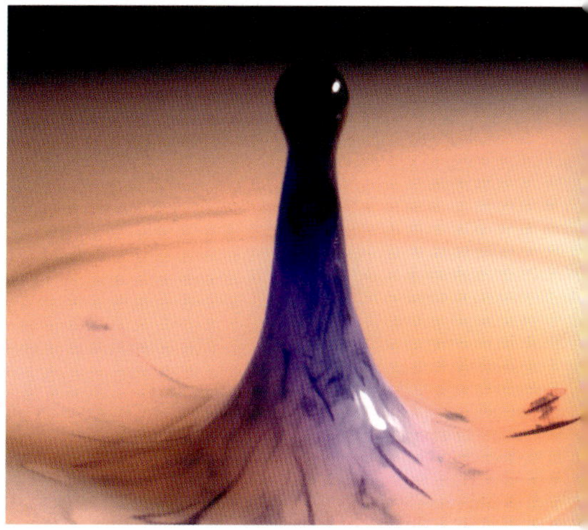

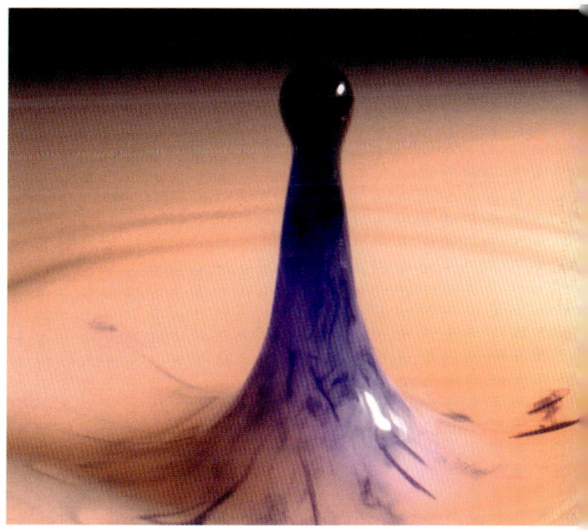

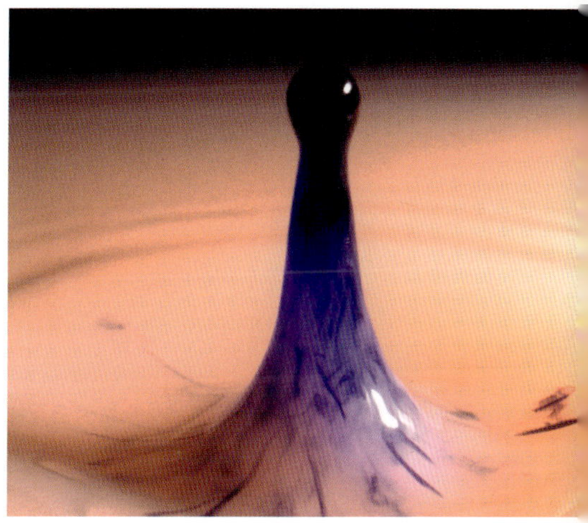

▲ 종이 위에 잉크 다섯 방울을 떨어뜨렸을 때, 첫 번째 방울은 위로 튀어 오르지 않는다. 첫 번째 방울 위에 떨어진 두 번째 방울의 일부가 작은 잉크방울이 되어 위로 튀어 오른다.

운동의 차원

물방울에 어떤 일이 일어나는지 생각해 보면 공간의 차원이 물의 행동에 관여하는 방식을 알 수 있다. 우선 물방울이 분화구에서는 1차원인 직선으로 떨어지다가, 2차원인 면으로 퍼져나가고, 그 다음에는 물 제트를 만들어 표면으로부터 솟아올랐다가 최종적으로는 3차원의 물속에 소용돌이를 만든다.

물방울 사진 실험을 할 때 물방울을 주로 10 cm의 높이에서 떨어뜨린다. 그래야 물방울이 그리 크지 않은 속도로 얇은 층의 물과 충돌한다. 이 경우 물방울 사진에는 소용돌이 지역에서 왕관이 나타나는 대신 고리 벽이 나타난다. 또 분화구 안에서의 물의 운동이 사진 접시의 바닥에 의해 제약을 받기 때문에 물 제트가 만들어지지 않는다. 물방울의 물은 중앙에 있는 중핵 지역에만 머물기 때문에 다음 물방울이 떨어져야지만 물이 접시 가장자리로 이동하여 새로운 소용돌이를 만들 수 있다.

보편적인 과정

이 모든 과정은 보편법칙을 따른다. 따라서 물방울이 잠수하는 과정의 연구를 통해 다양한 형태의 생명체가 탄생하여 성장하고 소멸하는 일에 동일하게 관여하는 물의 속성들을 발견할 수 있다.

▲ 물방울이 유리판 위에 떨어진다. 물이 튀어 오르지 않고 단지 퍼졌다가 다시 모인다.

▲ 10cm 높이에서 물방울을 깊이가 있는 물로 떨어뜨린다. 고리 모양의 파동으로 둘러싸인 분화구가 만들어진다. 그 후 물 제트가 형성되어 미세한 물방울들을 공중으로 내뿜는다(87쪽 참고).

▲ 4m 높이에서 물방울을 고속으로 물을 향해 쏜다. 커다란 분화구가 생기고 왕관이 위로 올라와 공기 방울을 감싼다.

물방울 사진 실험으로 잡은 물방울의 잠수 현상

맨눈으로는 볼 수 없는, 물방울이 물 시료와 충돌하기 직전부터 직후까지의 순간을 비디오카메라를 사용해 필름에 담았다. 카메라의 노출 시간은 1/10,000초이다.

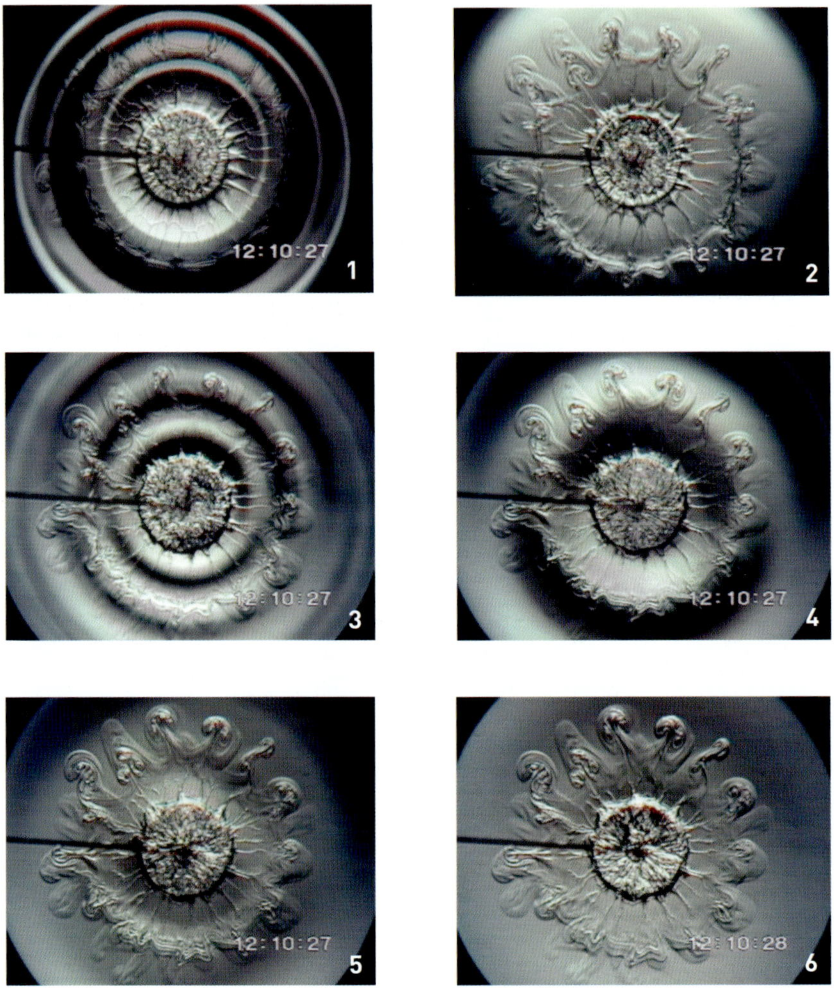

1. 분화구와 고리 모양의 파동이 생긴다. 고리 모양의 파동이 앞쪽의 모세관 파를 밀어낸다.
2. 파동이 밖으로 퍼져나가면서 물방울 사진이 나타난다.
3. 화환과 소용돌이 모양이 고리 모양의 파동으로부터 생기기 시작한다. 아직 초기 단계라 이들의 모양을 겨우 볼 수 있다.
4. 소용돌이가 만들어지는 동안 접시 가장자리에서 반사된 약한 파동이 중앙에 도달한다.
5. 더 큰 반사파가 중앙을 향해 이동한다.
6. 물방울 사진이 만들어지는 데는 1초가 채 걸리지 않는다(화면에 나온 시간의 초가 아직 변하지 않았다). 1.5초에서 2초가 지나 모든 파동이 사라지면 새로운 물방울 사진을 찍는다.

122쪽 사진 1의 무늬가 만들어지는 과정을 자세히 보여주고 있다. 고리 모양의 부푼 분화구가 어떻게 앞쪽의 모세관 파를 밀어내고 새로운 모습을 드러내는지 알 수 있다. 이런 연속 과정이 일어나는 데 1/10초도 걸리지 않는다. 마지막 사진에 있는 파동의 모습은 접시 바닥에서 반사된 빛에 의해 이중으로 보인다.

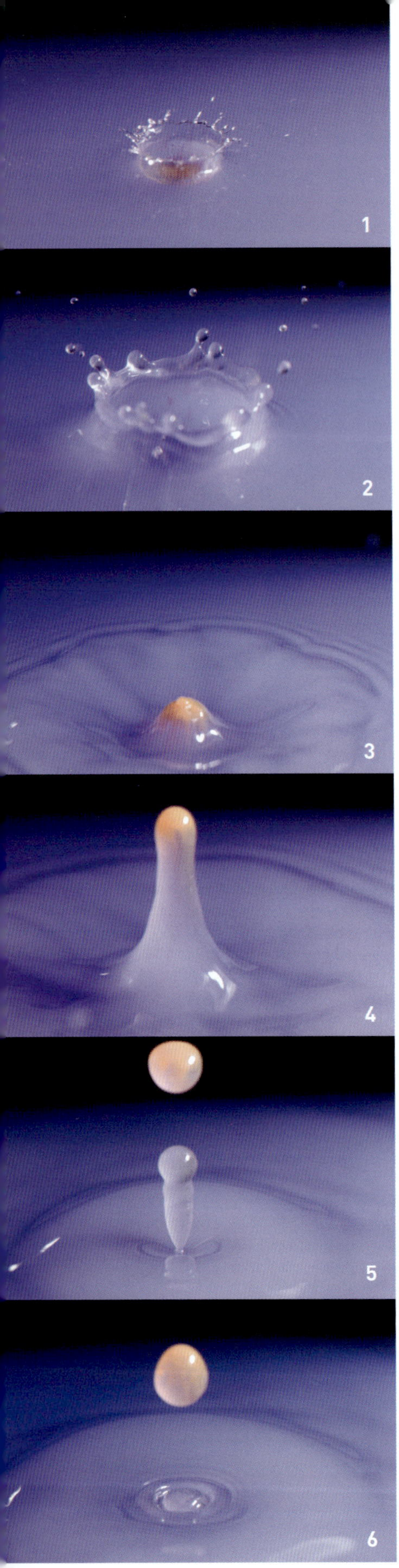

물방울의 낙하

물방울에 의한 충격파가 다양한 형태로 변화한다. 한 형태가 잇달아 다른 형태를 만들고, 이런 일이 수면이 잠잠해질 때까지 계속된다. 운동량을 가지며 가장 보편적인 구 모양을 한 물방울이 수면과 충돌한다.

1. 물방울은 흡사 단단한 고체 공처럼 수면을 때린다. 물이 옆으로 튀어 오르며 분무(안개와 같은 미세한 물방울)를 만든다.
2. 왕관 모양이 만들어지고 물방울이 분무가 되어 위로 솟아오른다. 물이 얇은 액체 막을 형성하며 분화구를 만든다. 물방울의 충격 에너지가 이 형태를 만드는 데 사용되고 사라진다. 새로운 형태는 불안정하기 때문에 형태의 변화가 시작된다.
3. 물이 중앙의 분화구로 흘러 들어가고, 위로 솟구치는 운동이 일어난다. 중앙으로 몰려든 물이 위로 솟아오른다.
4. 제트가 형성된다. 고리 모양의 파동이 퍼져나간다.
5. 물방울이 제트에서 떨어져 나간다.
6. 물방울과 제트가 가라앉은 곳에서 소용돌이가 생긴다.

끝맺기

물이 보여주는 수많은 현상들은 우리를 놀라게 한다. 그럼 이런 현상들을 연구하는 것이 왜 중요할까? 고대로부터 사람들은 물을 제대로 사용할 줄 아는 지혜를 가지고 있었던 것 같다. 고대 문명들은 물을 다루는 정교한 공학 기술을 개발하였다. 그러나 물을 경솔하게 다루어 재난과 기근을 겪은 역사적 사례도 많이 볼 수 있다. 현대에서는 인류를 재난과 질병으로부터 보호해 줄 고대인들의 지혜를 이해하고 이를 활용할 줄 알아야 한다. 물의 사용에 관한 한 우리 각자에게 책임이 있다. 인간과 자연과의 관계를 이해할 때에만 비로소 제대로 된 행동을 할 수 있다.

자연과 생명체는 순환적이고 리드미컬한 형태로 진화해 왔다. 우리는 흔히 우리의 행동이 자연에 어떤 변화를 가져올지에 대해 무관심하다. 계속해서 자연을 파괴하면서도 우리의 기술 지식으로 문제를 해결할 수 있다는 믿음을 갖고 있다. 그러나 이런 일이 지속될 가능성은 희박하다. 우리의 미래를 위해 자연을 좀 더 장기적 관점에서 바라보아야 한다. 즉, 자연의 순환성을 이해하고, 지구를 하나의 살아 있는 생명체로 인정해야 한다는 것을 의미한다.

우리가 물에 대해 연구하는 까닭은 물이 일으키는 아름다운 현상들을 즐기기 위함이 아니라, 무엇이 자연의 아름다움과 치유력을 한데 결합시켜 우리에게 건강과 아름다움을 주는지 이해하기 위함이다. 물이 두 극단 사이에서 어떻게 조정자 역할을 하는지 물로부터 배우고자 하는 것이다.

여러 시인이나 철학자들은 아름다움을 정신과 물질이 하나가 되는 최고의 감정이라고 표현하였다. 인간이 달성한 업적의 아름다움은 넓은 의미에서 건강에 대한 하나의 지표가 될 수 있을지 모른다. 이런 의미에서 물의 아름다움에 대한 연구는 생명과 관련이 있으며 따라서 실용성을 지닌 연구라 볼 수 있다.

아직 널리 홍보되지 않은 주장을 펼치려 할 경우 일반인의 즉각적인 호응을 기대할 수는 없다. 그러나 이 책을 통해 독자들이 우리 연구의 목적을 이해한다면 그것으로 대만족이다. 아울러 독자들께 지구의 미래를 위해 이 책의 내용을 실천하고 우리 연구에 지지를 보내주길 부탁드린다.

부 록

헤리슈리트 유동과학 연구소

유동과학 연구소의 연구는 수질에 초점이 맞추어져 있다. 즉, 무엇이 생명체에 중요한 물을 좋게, 활력을 띠게 만드는가를 연구한다. 물을 생명의 조정자로 이해하고, 물에 대해 책임을 지는 자세를 가지도록 과학적 원리에 기초를 두고 연구에 임하고 있다.

독일 슈바르츠발트 지역의 헤리슈리트에 위치한 유동과학 연구소는 테오도르 슈벤크가 1961년에 설립하였으며, 유체역학 전공자인 그는 첫 연구소 소장으로 임명되었다. 1950년대 슈벤크와 수학자 게오르크 웅거, 조지 애덤스는 공동 연구를 시작하였다. 유체의 차원을 조사하는 과정에서 슈벤크는 특히 생물의 형태를 다루는 데 사영기하학(projective geometry)이 중요하다는 사실을 깨달았다. 그러나 1963년 조지 애덤스의 갑작스런 죽음으로 물의 운동을 수학적이고 기하학적으로 다루는 연구가 중단되었다.

슈벤크와 웅거는 알렉산드르 르로이의 소개로 한스 보이트를 만났고 보이트는 연구소 설립을 위한 기금을 내놓았다. 또 슈벤크가 오랫동안 근무했던 벨레다 회사도 슈벤크가 새로 설립된 연구소의 소장직을 맡는 것을 허락하였다. 그 후 벨레다 회사는 여러 해 동안 이 연구소를 후원하였다. 슈벤크는 의사인 헬가 브라슈와 함께 연구소 설립을 위한 초안을 마련하였다.

1960년대에 들어와 테오도르 슈벤크가 쓴 책 『민감한 카오스(Sensitive Chaos)』로 연구소의 이름이 세상에 알려지게 되었다. 이 책에서 슈벤크는 그가 한 물 연구를 소개하였다. 그는 물에 대한 흐름의 사진을 찍어 수질의 미묘한 차이를 눈으로 볼 수 있게 해주는 물방울 사진법을 개발하였다. 이 연구 방법은 수질에 초점을 맞춘 것으로 종래의 연구 방법이 물속에 녹아 있는 성분만을 분석하던 데 비해 물을 하나의 통합체로 보고 물의 특성을 조사하였다. 이 방법은 분석 결과를 단순 수치가 아닌 영상으로 보여주고 있어, 구성원의 개별적 성질보다 구성원 전체의 기능을 강조하는 괴테의 자연관을 따르고 있다고 할 수 있다. 이 방법은 물이 가진 구성력과 재생력을 사진으로 보여주었다.

연구소 설립 초기부터 연구소에 근무하던 존 윌크스는 1970년 최초로 비르벨라 흐름 모양(Virbela flowform)을 발견하였다. 이것은 물이 리드미컬하게 흘러가면서 만드는, 특수한 형태의 다단계 분지 모양을 말한다.

이 책의 저자들은 1980년부터 지금까지 이 연구소에서 연구를 계속해 오고 있다. 물방울 사진법은 물의 기본적인 성질을 이해하는 것뿐만 아니라 물의 성질을 예측할 수 있도록 발전을 거듭해 왔다. 물방울 사진법은 오늘날 이 분야를 연구하는 데 필요한 주요 수단이 되고 있다. 유동과학 연구소에서는 특히 어떤 물이 좋은 물인지를 구별할 수 있는 원리를 찾아내고 실용화하는 데 관심을 가진다. 마시는 물, 지하수, 광천수, 강물에 대한 과거 연구를 통해 각 종류의 물이 가진 독특한 유동성 때문에 물방울 사진이 각기 다른 모습을 가진다는 것을 알게 되었다. 또한 산업적인 물 처리과정이 물의 유동성에 어떤 영향을 미치는지에도 관심을 가지고 연구를 진행해 오고 있다. 그러나 정수된 물을 검사하거나 이에 대한 보고서를 작성하는 일은 하지 않고 있다.

테오도르 슈벤크
(1910–1986)

알렉산드르 르로이(1906–1968)
공동 설립자 겸 이사

한스 보이트(1885–1971)
기계공학자, 공장주, 공동 설립자, 회장 겸 후원자

▲ 1960년에 찍은 유동과학 연구소 설립자들의 모습. 왼쪽부터 게오르크 웅거(1909–1999), 조지 애덤스(1894–1963), 테오도르 슈벤크(1910–1986).

▲ 연구소의 모습(2005)

◀ ▼ 존 윌크스가 발견한 유체 소용돌이에 관한 애덤스 모델의 결과

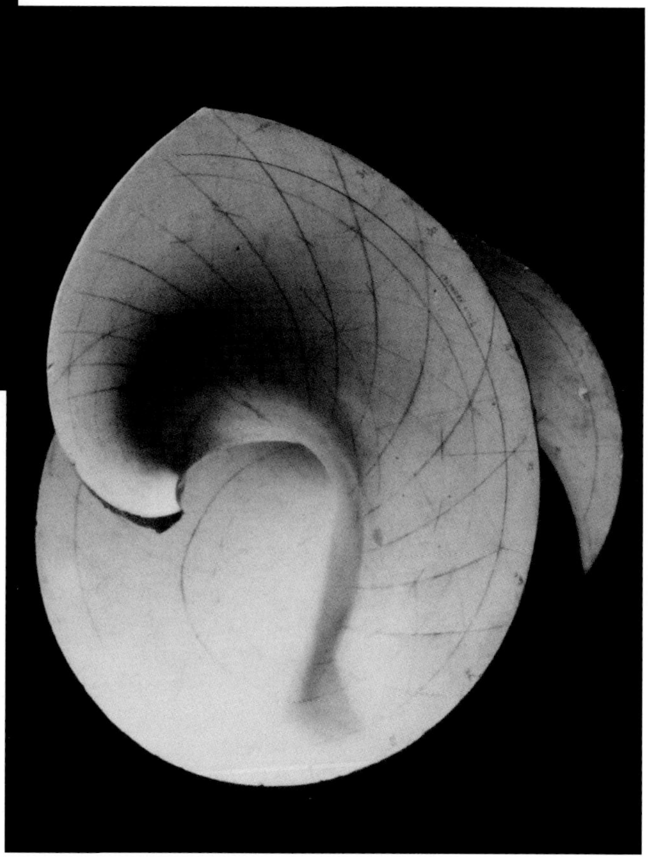

▲ 3개의 연속적인 비르벨라 흐름 모형. 존 윌크스가 이 흐름을 발견하여 유동과학 연구소 근처에 설치하였다.

용어 풀이

계면 활성제(surfactant) 세탁용 세제와 같이 표면을 활성화시키는 화학 물질을 말한다. 계면 활성제는 표면 장력을 억제하여 액체가 면 위에 막 형태로 퍼지게 한다.

난류(turbulent flow) 복잡하고 불규칙한 유체의 흐름을 말한다. 담배에서 발생한 연기가 처음에는 거의 일직선으로 올라가다가 어느 정도 올라가면 흐트러지는데, 처음 상태를 층흐름이라고 하고, 나중 상태를 난류라고 한다.

동종요법(homeopathy) 건강한 사람에게 어떤 특정한 증상을 유발하는 약물은 그 증상을 나타내는 환자를 치유할 수 있는 힘을 가지고 있다고 믿고 이를 치료에 사용하는 의학 방법이다.

매개변수(parameter) 변화 또는 조절이 가능한 물리적 특성 또는 특징을 일컫는다. 물방울 사진 실험에서 낙하 높이, 물방울의 크기 등이 매개변수가 된다. 또 밀도, 점성, 표면 장력 등도 매개변수라 할 수 있다.

모세관 파(capillary wave) 중력과 표면 장력(모세관 현상의 원인)은 보통 표면파에 동시에 작용한다. 표면파는 표면을 원상 복구시키는 힘의 종류에 따라 구분하는데, 파장이 긴 표면파는 중력이 우세하게 작용한다. 파장이 매우 짧은(17.2mm보다 짧음) 표면파는 표면 장력이 중력보다 우세하며 이런 표면파를 모세관 파라고 한다.

물 제트(water jet) 작은 물방울들이 빠른 속도로 공중으로 뿜어지는 것을 말한다.

미네랄(mineral) 자연에서 산출되는 균질한 결정질의 고체로서, 대부분 무기화학 반응에 의해 생성된다. 화학조성이 일정하고 원자배열이 규칙적이다.

밀도(density) 밀도는 물질의 질량을 부피로 나눈 비를 말한다. 질량의 단위를 g, 부피의 단위를 cm^3이라 하면 밀도의 단위는 g/cm^3이 된다. 이 밀도 단위는 또 다른 밀도 단위인 kg/L와 동일하다. 일정한 부피의 물질은 밀도가 클수록 더 무겁기 때문에 관성 역시 커진다.

밀도 기울기(density gradient) 거리에 따른 밀도 변화량을 말한다. 어떤 공간에서 밀도가 균일하면 밀도 기울기는 0이다.

분화(differentiation) 생물의 조직, 기관의 모양과 작용 등이 특수화하여 갈라지는 현상을 말한다. 여기서는 물과 같은 유체의 운동이 시간이 지날수록 단순하고 동질적인 것에서 복잡하고 이질적인 것으로 발전해 가는 것을 의미한다.

소용돌이(vortex) 유체의 일부분이 특정 공간에서 회전하는 현상을 말한다.

수상 돌기(dendrite) 나뭇가지처럼 몸통으로부터 뻗어 나온 가는 돌기를 의미한다. 신경 세포(뉴런)에서는 수많은 수상 돌기들이 다른 신경 세포와 연결되어 있다.

슐리렌(schlieren) 투명한 유체 안에 생긴 밀도 기울기 또는 경계면을 일컫는 용어이다. 유체를 가열할 때 표면이 부글거리는 것이나 소금과 같은 고체를 물과 같은 액체에 녹일 때 표면이 요동치는 것 등이 슐리렌의 좋은 예이다.

유체(fluid) 기체나 액체와 같이 흐를 수 있고 용기에 담으면 용기 모양을 따르는 물질로서, 이들을 고체와 구별하여 부를 때 유체라는 용어를 사용한다.

점성(viscosity) 유체의 점성은 유체가 운동할 때 받는 저항의 정도를 말한다. 꿀, 글리세린, 진한 기름 등은 점성이 특히 큰 액체이다.

조화 흐름(harmonic flow) 층흐름(laminar flow)에서 난류(turbulent flow)로 변환되는 중간에 존재하는 민감한 흐름을 말한다.

층밀림(shearing) 유체 내부에서 인접한 두 지역의 속도가 서로 다르면 층밀림에 의해 두 인접한 지역의 거리가 점점 더 벌어진다. 물감을 푼 유체의 임의의 작은 정육면체 하나를 관찰해 보면 시간이 지남에 따라 층밀림에 의해 정육면체가 매우 길고 가는 관 모양으로 변하는 것을 볼 수 있다.

층흐름(laminar flow) 유체가 흐트러지지 않고 일정하게 흐르는 것을 말한다. 예를 들면, 관에 물을 흘릴 경우 물에 잉크를 넣어 흐름의 상태를 관측하면 잉크의 흐름이 직선으로 나타난다. 물의 각 부분이 관 벽에 평행하게 움직이며 서로 섞이지 않는다.

카오스(chaos) 비선형계에서 나타나는 비주기적이고 불규칙한 상태를 말한다. 계가 카오스 상태에 있을 때는 나비효과 때문에 장기예측이 불가능하다.

표면 장력(surface tension)　예를 들어 액체/기체, 액체/액체, 액체/고체와 같이 두 개의 다른 물체면 사이에 작용하는 장력을 말한다. 표면 장력은 경계면을 끌어당겨 경계면 면적이 최소가 되도록 한다. 또 표면 장력은 액체가 고체 면을 적시지 못하도록 하는 작용을 한다. 즉, 물을 유리면에 떨어뜨리면 물이 얇은 막으로 퍼지지 못하고 작은 물방울이 되는 것은 바로 표면 장력 때문이다.

참고문헌

물에 관해 좀 더 알고자 하는 독자들을 위해 몇 가지 책을 소개한다.

1. (2000) Andreas Wilkens, Michael Jacobi & Wolfram Schwenk: *Die Versuchstechnik der Tropfbildmethode - Dokumentation und Anleitung*, (Institute of Flow Sciences).
   물방울 사진법에 대한 설명 및 실험 방법 안내서.
2. (2001) Wolfram Schwenk (ed.): *Schritt zur positiven Charakterisierung des Wassers als Lebensvermittler. Ausgewählte Texte aus 40 Jahren Wasserforschung mit der Tropfbildmethode*, (Institute of Flow Sciences).
   40년간의 물 연구 논문들을 발췌한 출판물. 주로 물방울 사진법으로 얻은 결과들이 수록되어 있다.
3. (2002) Olof Alexandersson: *Living Water*, Dublin, Gill & MacMillan.
4. (1993) Lawrence Edwards: *The Vortex of Life*, Edinburgh, Floris.
5. (2005) Andreas Schulz: *Water Crystals: Making the Quality of Water Visible*, Edinburgh, Floris.
6. (1992) G. N. Somero, C. B. Osmond & C. N. Bolis (ed.): *Water and Life*, Springer.
7. (2003) John Wilkens: *Flowforms: the Rhythmic Power of Water*, Edinburgh, Floris.
8. (1990) Thoedor Schwenk & Wolfram Schwenk: *Water, the Element of Life*, New York, Anthroposophic Press.
9. (2001) Callum Coats: *Living Energies*, Dublin, Gill & Macmillan.
10. (1985) Olive Whicher: *Projective Geometry*, London, Rudolf Steiner Press.

찾아보기

좋은 물은 눈으로 알 수 있다

저자 • 안드레아스 윌크스
미카엘 야코비
볼프람 슈벤크
역자 • 김영태
펴낸이 • 조승식
펴낸곳 • 도서출판 이치 SCIENCE
등록 • 제9-128호
주소 • 142-877 서울시 강북구 라일락길 36
www.bookshill.com
E-mail • bookswin@unitel.co.kr
전화 • 02-994-0583
팩스 • 02-994-0073

2008년 9월 20일 1판 1쇄 인쇄
2008년 9월 25일 1판 1쇄 발행

값 14,000원
ISBN 978-89-91215-96-2

· 이 도서는 도서출판 북스힐에서 기획하여 도서출판 이치에서
출판된 책으로 도서출판 북스힐에서 공급합니다.
142-877 서울시 강북구 라일락길 36
전화 • 02-994-0071 팩스 • 02-994-0073